從光到物質的量子探索

星際漂流，從打臉牛頓開始

QUANTUM
EXPLORATION

【從薛丁格到海森堡，量子力學的建立】

探索光的波粒二象性，解開物理學的古老謎題
從黑體輻射到量子化，闡述能量不連續的發現

討論超弦理論與宇宙起源，一窺物理學專業領域；
揭示微觀世界的奧祕，展望物理學未來的可能性！

量子的星際漂流

從打臉牛頓開始

Chapter 1
Chapter 2
Chapter 3
Chapter 4
Chapter 5
Chapter 6
Chapter 7
Chapter 8
Chapter 9
Chapter 10

自序

每個人眼中都有一個世界。

每個人眼中的世界都不同。

但是，我們能看到、能感受到的世界只是宏觀的世界，是一個看上去按部就班的世界。如果我們能縮小十個數量級，進入量子世界，那其中的奇幻景象，恐怕你盡最大的想像力也想像不到。

你一定好奇什麼是「量子」？它不是一種粒子，而是一種概念。它指的是小尺度世界的一種傾向：物質的能量和其他一些屬性都傾向於以特定的方式不連續地變化。

量子世界中的一切物理現象，都與我們在日常生活中認知的牛頓力學世界完全不同，我們在日常生活中熟悉的許多基本物理規律，在量子世界中都被徹底顛覆。

量子世界是一個由量子力學統治的世界，量子力學對於實驗現象的解釋和預見性是如此精確，以至於大多數人都不假思索地應用。但是在量子世界裡，一系列不可思議的現象，又

會讓我們懷疑是否能真正理解這個世界？量子力學大師費曼曾經說過：「我想我可以相當有把握地說，沒有人能理解量子力學。」

十多年前我第一次接觸量子物理時，就被它深深地迷住了。量子世界是一個謎一般的世界，在這個世界裡，以往的經驗都會失去作用；在這個世界裡，你就像一個懵懂無知的孩童，一切都會讓你覺得新奇。這十年來，我有幸講授與量子力學相關的課程，我一直不斷從各種書籍中汲取與量子物理相關的知識，但認識它越深，我就越覺得它是如此不可思議。

我們應該感謝那些偉大的物理學天才，他們對量子物理的探索，譜寫了科學史上最壯麗的史詩，他們對量子世界的探索，讓我們驚嘆世界竟是如此神奇。

原來，我們眼中的世界並不是全部的世界。

既然有幸來到這個世界，我們就應該盡量了解這個世界的全部，欣賞這個世界的奇妙，這是作為生命的一種樂趣。

本書以各種不可思議的量子現象為主線，以物理學家所做各種令人驚奇的實驗為脈絡，循序漸進介紹人類探索量子世界的過程，介紹了量子理論的產生、發展、應用、分支乃至分歧，當然也提出了一些疑問和思考。作為一本科普讀物，本書

涵蓋了波粒二象性、疊加態、機率幅、纏結、穿隧效應、電子雲、超流體、量子真空漲落、費曼圖、超弦理論等量子力學中引人入勝的內容，也介紹了掃瞄穿隧顯微鏡、量子電腦、量子隱形傳態等量子工程技術，同時穿插相關歷史趣事。另外，書中還介紹了一些與量子物理相關的粒子物理、相對論、宇宙學等方面的內容，使讀者能更深刻理解這個奇妙的世界。

本書在寫作過程中參考了大量相關書籍，主要參考書目列於書後，這些書使我受益匪淺，在此對這些書的作者表示衷心感謝。

我認為我們太注重於讓學生學習課本知識，而忽視了課堂之外的知識海洋。青少年時期是培養科學興趣最重要的階段，而只有廣泛涉獵才能發掘自己的興趣，為將來打下基礎。希望本書能夠激發廣大讀者、尤其是青少年對科學的熱情，這正是我寫作的初衷。

另外，由於能力所限，疏漏之處在所難免，敬請讀者朋友批評指正。

高鵬

目錄

Chapter 1

Chapter 2

Chapter 3

Chapter 4

Chapter 5

Chapter 6

Chapter 7

Chapter 8

Chapter 9

Chapter 10

Chapter 18
宏觀量子現象：玻色－愛因斯坦凝態　181

Chapter 19
量子場論　　　　　　　　　　　　191

Chapter 20
超弦理論：萬物至理？　　　　　205

Chapter 21
宇宙大霹靂 **215**

後記 **237**

參考文獻 **239**

Chapter 1

Chapter 2

Chapter 3

Chapter 4

Chapter 5

Chapter 6

Chapter 7

Chapter 8

Chapter 9

Chapter 10

誰要是不為量子理論感到震驚，那就是因為他還不了解量子理論。

　　　　　　　　　　　　——尼爾斯·波耳

　　我想我可以相當有把握地說，沒有人能理解量子力學。

　　　　　　　　　　　　——理查·費曼

光的本性之爭：光是粒子還是波？

「量子」這個概念最早源自科學家對光的認識，所以就讓我們從光的性質說起吧。

自古以來，太陽就是人類膜拜的對象，陽光是人類必不可少的生命源泉，但人們對於光到底是什麼卻說不清楚，所以古人只好把太陽當作神靈來崇拜，把太陽作為光明的象徵，也把太陽看作是世界的統治者。

很長一段時間，人類對光的認識只限於某些簡單的現象和規律描述，例如戰國時期的《墨經》，記載了投影、針孔成像等光學現象；古希臘學者歐幾里得在《反射光學》中，論述了光在傳播過程中的直線傳播原理和光的反射定理。

隨著科學的發展，人們終於開始以科學方法研究光，並發現了反射、折射等一些基本的光學現象。到了十七世紀，人們開始研究光的本性，但對於光的性質卻有了水火不容的爭論：牛頓認為光是一種粒子，惠更斯卻認為光是一種波。

■ 1.1 惠更斯的波動說

荷蘭物理學家惠更斯認為：如果光是一種粒子，那麼光在交叉時就會因碰撞而改變方向，可人們並沒有觀察到這種現象，所以微粒說是錯誤的。他認為光是發光體產生振動後，在「乙太」中的傳播過程，並以球面波的形式連續傳播，當時的人們認為「乙太」是充塞整個空間的一種彈性粒子；當然，現在已經證明這是一種子虛烏有的東西。惠更斯認為，乙太波的傳播形式不是乙太粒子本身的移動，而是以振動的方式傳播。

1690 年，惠更斯出版了《光論》一書，闡述了他的光的波動原理：

「光波向外輻射時，光傳播介質中的每一物質粒子，不只是把運動傳給前面的相鄰粒子，還傳給周圍所有和自己接觸、並阻礙自己運動的粒子。因此，在每一粒子周圍，就產生以此粒子為中心的波。」

惠更斯在此原理基礎上，推導出了光的反射和折射定律，解釋了光速在光密介質（折射率較高的介質）中減小的原因，同時還解釋了光進入冰島晶石（透明方解石）的雙折射現象（1669 年，丹麥學者巴爾托林發現了此現象，透過它可以看到物體呈雙重影像）。

惠更斯的波動說雖然冠以「波動」一詞，但他把錯誤的「乙太」概念引入波動光學，對波動過程的基本特性也說明不足。他認為光波是非週期性的，波長和頻率的概念在他的理論中不存在，故難以說明光的直線傳播現象，也無法解釋他發現的光的偏振現象，惠更斯的光學理論，尚只是很不完備的波動理論。

▌1.2 牛頓的微粒說

　　牛頓則堅持光的微粒說，在其做過很多的光學實驗裡，就包括著名的三稜鏡色散實驗。其實這個實驗在他之前已有人做過，不過做得不佳，只獲得了兩側帶有顏色的光斑，而牛頓則獲得了展開的光譜。他還用各種不同的稜鏡以及不同的組合方式，嚴謹地研究了色散現象，所以不少人都認為牛頓是最早發現色散現象的人。

　　牛頓認為：既然光是沿直線傳播，那就應該是粒子，因為波會彌散在空間中，不會聚成一條直線，最直觀的實驗證明就是物體能擋住光形成陰影，他在 1675 年 12 月 9 日送交英國皇家學會的信中鮮明地指出：

　　「我認為光既非乙太也不是振動，而是發光物體所傳播出、某種與此不同的東西……可以設想光是一群具有難以想像微小運動迅速、大小不同的粒子，這些粒子從遠處發光體處一個接一個發射，但我們卻感覺不到相繼兩個粒子之間的時間間隔，它們被一個運動本源不斷推進……」

　　牛頓在 1704 年發表了《光學》一書，書中論述了關於光的反射、折射以及顏色等問題的實驗和討論，也提到了對於光繞射現象的一些觀察實驗。雖然《光學》一書主要在論述牛頓的微粒說觀點，但他也不得不含糊借用一些波動理論來解釋一些實驗現象。實際上，牛頓在後期的研究中精確地測量了各種色光的波長，但他並不將其稱為波長，而且聲明：

　　「這是何種作用或屬性，究竟它在於光線或媒質，還是別的某些東西的一種圓周運動或是振動，我在此不予探究……」

　　由於牛頓和惠更斯都提出了有理有據的論證，但都有一些破綻，所以科學家分成了兩大陣營，對光的微粒說和波動說吵得不可

開交。雖然牛頓含糊借用了一些波動論的觀點，但由於他極高的聲望、以及著作中實驗和理論分析的嚴謹性，一時間光的微粒學說占了上風。

▋1.3 楊氏雙狹縫干涉實驗

一個世紀以後，情況發生了變化。1807 年，英國科學家湯馬斯‧楊格發表了一篇論文，這篇論文裡描述了他發現的光的干涉實驗：

「讓一束單色光照射一塊屏，屏上開有兩道狹縫，可認為這兩條縫就是兩束光的發散中心；而當這兩束光照射到放置在它們前進方向上的屏上時，就會形成寬度近於相等、若干條明暗相間的條紋……」

這個實驗現在叫做楊氏雙狹縫干涉實驗，是物理學史上最著名的實驗之一。一束光照射到兩道平行狹縫上（見圖 1-1(a)），如果按照牛頓的光粒子理論，這束光只能在兩道狹縫後的屏幕上照出兩條亮條紋，但實驗結果卻是整個屏幕上都出現了明暗相間的條紋（見圖 1-1(b)），這不就是波的干涉條紋嗎？湯馬斯‧楊格終於找到了支持波動說的有力證據：光從兩道狹縫中通過後，波峰和波峰疊加形成亮條紋，波峰和波谷疊加形成暗條紋。

湯馬斯‧楊格成功完成了光的干涉實驗，並由此測定光的波長，為光的波動性提供了重要的實驗依據。

從打臉牛頓開始

量子的星際漂流

Chapter
1

2 Chapter

3 Chapter

4 Chapter

5 Chapter

6 Chapter

7 Chapter

8 Chapter

9 Chapter

10 Chapter

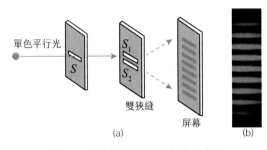

單色平行光

S

S_1
S_2

雙狹縫

屏幕

(a)

(b)

圖 1-1　楊氏雙狹縫干涉實驗示意圖

用單色平行光照射一個窄縫 S，即窄縫相當於一個線光源。S 後放有與其平行且對稱的兩狹縫 S1 和 S2，雙狹縫之間的距離非常小，雙狹縫後面放一個屏幕，則可以在屏上觀察到明暗相間的干涉條紋

▋1.4 帕松的烏龍球

　　楊氏雙狹縫干涉實驗，拉開了光的波動說對微粒說的反擊序幕。1818 年，菲涅耳和帕松又發現光在照射圓盤時，在盤後方一定距離的屏幕上，圓盤的影子中心會出現一個光斑。這是光的圓盤繞射，是波動說的又一個有力證據。

　　當單色光照射在寬度小於或等於光源波長的小圓盤上時，會在後面的光屏上出現環狀、互為同心圓的繞射條紋，並且在圓心處會出現一個極小的光斑，這個光斑被稱為帕松光斑（見圖 1-2）。

　　帕松光斑的發現說起來還是一段歪打正著的笑話呢！

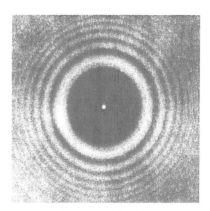

圖 1-2　帕松光斑

1818 年，法國科學院提出一個徵文競賽題目：利用精確的實驗確定光線的繞射效應。

當時只有三十歲的菲涅耳向科學院提交了應徵論文，他提出一種半波帶法，定量計算了圓孔、圓板等形狀的障礙物產生的繞射花紋，得出的結果與實驗非常吻合。更令人驚奇的是，菲涅耳竟然用波動理論解釋了光沿直線傳播的現象。

競賽評獎委員會中有著名的科學家帕松，但他當時是堅定的光的微粒說支持者，菲涅耳的波動理論自然遭到了帕松的反對。

帕松希望找到菲涅耳的破綻來駁倒他，於是他運用菲涅耳的理論推導了圓盤繞射，結果導出了一種非常奇怪的現象：如果在光束的傳播路徑上放置一塊不透明的圓盤，那麼在離圓盤一定距離的地方，圓盤陰影的中央應當出現一個光斑。對當時的人來講，這簡直不可思議，所以帕松宣稱，他已經駁倒了菲涅耳的波動理論。

但是另一位評委阿拉戈卻是波動說的支持者，他支持菲涅耳接受這個挑戰。他們立即用實驗，檢驗帕松提出的問題，結果發現：影子中心真的出現一個光斑，這個實驗精彩地證實了菲涅耳波動理

論的正確性。在事實面前,帕松啞口無言。

這件事轟動了法國科學院,菲涅耳理所當然地榮獲了這一屆的科學獎。

令人啼笑皆非的是,原本想反對波動說的帕松,竟無意幫了波動說一個大忙,雖然屬於自擺烏龍,但畢竟為波動論進了一球;波動論者也沒有忘記他的功勞,慷慨地把這個現象稱為帕松光斑。不管帕松願不願意,他在後人心目中已經成了波動說陣營中的一員大將。

▌1.5 光就是電磁波

隨著時間推移,波動說取得了越來越多的證據。英國科學家馬克士威在建立電磁理論時,於 1862 年就已預見到光是起源於電磁現象的一種橫波,他在相關論文中用斜體字寫道:

「我們很難避免得出這樣的結論,即光是由引起電現象和磁現象的同一介質當中的橫波所組成。」

馬克士威在多年研究的基礎上,於 1873 年出版了《電磁通論》一書,指出了光就是電磁波!

馬克士威將電磁學裡的四個公式結合,提出馬克士威方程組,明確指出變化的電場會產生磁場,變化的磁場又會產生電場,這樣電和磁可以像波(稱為電磁波)一樣,在真空中向前傳播而不需要介質。電磁波彌漫整個空間,以光速傳播,馬克士威同時預測:光就是電磁波。

1879 年,馬克士威因病逝世,年僅四十八歲。不少人都喜歡

講這樣一個巧合：愛因斯坦正好在 1879 年出生，莫非冥冥之中二人有什麼連繫？遺憾的是，這樣的謠傳經不起檢驗，因為馬克士威在 11 月 5 日去世，而愛因斯坦在 3 月 14 日就出生了。

　　雖然馬克士威提出了電磁波理論，但不少人對此還是半信半疑。1886 年，德國物理學家赫茲發明了一種電波環，他用這種電波環做了一系列實驗，終於在 1888 年發現了人們期待已久的電磁波。赫茲的實驗公布後，轟動了世界，馬克士威的電磁理論至此取得了決定性的勝利。

　　於是，可見光、紫外線、紅外線，以及後來發現的 X 射線、γ射線等，這些之前被認為不相干的東西，現在全被統一成電磁波，光也開始明確地與電磁波對應。

　　至此，波動說終於徹底擊敗了微粒說——至少當時人們這樣認為。

電磁波能量謎團：
能量竟然不連續？

電磁波理論取得了空前的成功。牛頓奠定了力學基礎，而馬克士威則奠定了電磁學基礎，他也成為和牛頓比肩的科學巨匠。從惠更斯到馬克士威，在眾多科學家的努力下，波動說終於擊敗了微粒說。

但是，不久人們就發現波動說的勝利並非完美，因為有幾個涉及光的實驗，電磁波理論無法解釋！這也成為當時物理學界的最大謎團。

1 Chapter
2 Chapter
3 Chapter
4 Chapter
5 Chapter
6 Chapter
7 Chapter
8 Chapter
9 Chapter
10 Chapter

2.1 黑體輻射謎團

第一個就是黑體輻射規律。

所謂黑體，顧名思義，就是最黑的物體。我們知道黑色的物體能吸收光，那麼最黑的物體就能把入射光全部吸收。精確地定義一下：黑體是指能吸收全部外來電磁波的物體，當它被加熱時，又能輻射出最多的電磁波，這種輻射就稱為黑體輻射。

黑體輻射其實是一種熱輻射。任何物體只要處於絕對零度（-273.15℃）以上，其原子、分子都在不斷地熱運動，都會輻射出無線電磁波（稱為熱輻射），溫度越高，輻射能力越強。

通俗的說，熱輻射就是指任何物體都會發光發熱，輻射出的電磁波就是「光」，發光時要釋放能量，電磁波攜帶的能量就是我們通常說的「熱」。當然這裡的「光」並非都是可見光，只有在500℃以上才會出現較強的可見光，所以我們人類雖然也在發光，發出的卻是肉眼看不到的紅外線。軍事上常用的紅外熱像儀，就是透過接收物體發出的紅外線能量，經光電轉換獲得紅外熱成像，從而讓我們「看到」物體。

實際上，人們很早就開始觀察、利用熱輻射的能量，例如古人在冶煉金屬時，可以根據爐火的顏色判斷爐溫的高低。戰國時期成書的《考工記》記載：冶煉青銅時爐中的焰氣，隨著溫度的升高，顏色要經過黑、黃白、青白、青四個階段，到焰氣顏色發青（爐火純青）時溫度最高；另外，青白色的灼熱金屬，也比暗紅色的灼熱金屬溫度更高。

黑體是研究熱輻射的主要工具，因為它的熱輻射程度最為完全。黑體其實並不難做，做一個耐熱的密閉箱子，在箱子內壁塗上煙煤，還可以在裡面再加幾塊隔板，然後開一個小孔，這樣從小孔

入射的光就能被它全部吸收（見圖 2-1）；反過來，當它被加熱時，又能從小孔中輻射出最多電磁波。

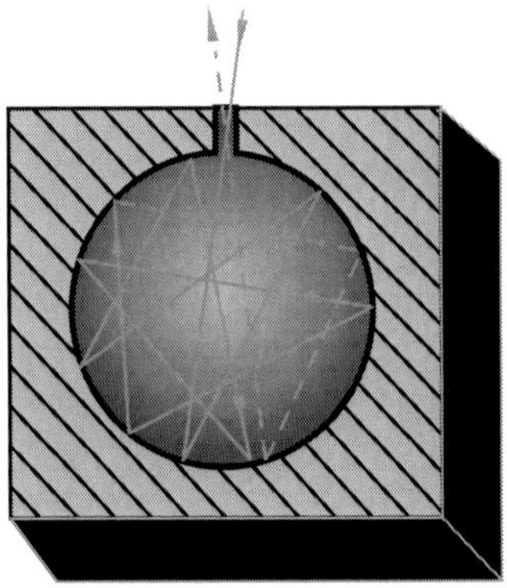

對黑體加熱它就能發光發熱，既然光是一種電磁波，那它就有波長，不同波長的光對應著不同的熱——即輻射能量。

十九世紀末，人們已經得出黑體輻射的光波長與輻射能量密度之間的實驗曲線，可是在理論解釋上卻出現大瓶頸：物理學家按電磁波理論推導出來的公式，怎麼也無法對應上全部實驗曲線。其中比較好的有維恩公式和瑞利─金斯定律，但也只能分別解釋短波部分和長波的部分（見圖 2-2）。

圖 2-1 黑體

一個耐熱密閉的黑箱子開一個小孔，就是一個簡單的黑體，光線射進去就出不來

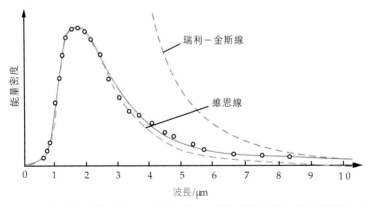

圖 2-2 黑體輻射實驗值（小圓圈）與兩個公式的理論值（虛線）的圖示，維恩公式只適用於短波部分，瑞利─金斯定律只適用於長波部分

2.2 光電效應謎團

第二個是光電效應。

光電效應，顧名思義，就是由光產生電的效應。1887 年，赫茲發現紫外線照射到某些金屬板上，可以將金屬中的電子打出來，在兩個相對的金屬板上加上電壓，被打出來的電子就會形成電流（見圖 2-3）。這一現象引起眾多研究者的興趣，很快就開始大量的研究，可是電磁波理論在解釋光電效應時卻遇到了巨大的瓶頸。

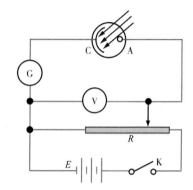

圖 2-3 光電效應實驗裝置示意圖

極板 C 被紫外光打出電子，電子在電壓作用下移動到極板 A 上，形成電流回路，於是安培計 G 的指針偏轉

電磁波理論與實驗結果的區別如下：

(1) 按電磁波理論，只要光夠強，任何頻率的光都能打出電子，可實驗結果是：再強的可見光也打不出電子，而很弱的紫外線卻可以打出電子；

(2) 按電磁波理論，10^{-3}s 後才能打出電子，可實驗結果是 10^{-9}s 即可打出電子；

(3) 按電磁波理論，被打出的電子動能只與光的強度有關，而與頻率無關；可實驗結果卻是電子的動能與光的強度無關，而與光的頻率成正比。

實驗現象與電磁波理論的預測大相逕庭，令科學家頗為苦惱。

2.3 原子光譜謎團

第三個是原子的線狀光譜。

原子光譜，是原子中的電子產生能量變化時，所發射、吸收的特定頻率光波。每種原子都有自己的特徵光譜，它們是一條條離散的譜線（見圖 2-4）。而無論是發射光譜還是吸收光譜，譜線的位置都一樣。

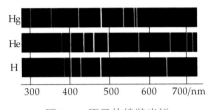

圖 2-4　原子的線狀光譜

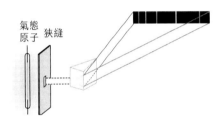

圖 2-5　原子發射光譜的測試原理

使試樣蒸發汽化轉變成氣態原子，然後使氣態原子的電子激發至高能態，處於激發態的電子躍遷到較低能階時會發射光波，經過光譜儀後，得到一系列獨立的單色譜線

原子光譜對於元素來說，就像人的指紋一樣具有識別功能，不同元素具有不同的「指紋」。許多新元素的發現（如居禮夫人發現的鐳），都是透過原子光譜分析獲得定論。

1898 年，居禮夫人從瀝青鈾礦中，分離出放射性比鈾強 900 倍的物質，光譜分析表明，這種物質中含有一種新元素，放射性正是這種新元素所致，於是她把新元素命名為 Radium（鐳），來源於拉丁文 radius，意為「射線」。當然，為了提取出金屬鐳，居禮夫人的工作相當艱苦。因為 1t 瀝青鈾礦中只含有 0.36g 鐳，所以她從 1899 年到 1902 年，整整實驗了 4 年後，終於從 4t 鈾礦殘渣中製取

了 0.1g 氯化鐳。

原子光譜是如此重要，所以從十八世紀起，人們就開始研究光譜；到十九世紀末，光譜學已經有很大的進展，累積了大量的數據資料，但物理學家卻難以找出其中的規律，對光譜的起因也無法解釋。因為按照電磁波理論，光譜應該是連續的，所以這一道道分離的譜線讓科學家傷透腦筋。

▌2.4 石破天驚的量子化假設

黑體輻射、光電效應和原子光譜就像三座大山，沉重的壓在物理學家的頭上，讓他們看不到一絲光亮；但到了 1900 年，剛好是新世紀的第一年，有一座大山終於出現裂痕，那就是黑體輻射。

1900 年，德國科學家普朗克，終於找到了一個能夠成功描述整個黑體輻射實驗曲線的公式（圖 2-2 中的綠色實線，就是普朗克公式對應的理論曲線），但他卻不得不引入一個在古典電磁波理論看來是「離經叛道」的假設：**電磁波的能量不是連續，而是一份一份，即量子化的。**

普朗克提出，電磁波輻射能量的最小單位為 $h\nu$，其中 ν 是電磁波頻率，h 是一個常數（後來人們稱為普朗克常數），這個能量單位稱為量子，而能量只能以量子的倍數變化，即：

$$E = h\nu，2h\nu，3h\nu，4h\nu，5h\nu，6h\nu，\cdots$$

這真是個石破天驚的假設！愛因斯坦後來對此評價道：

「普朗克提出了一個全新、從未有人想到的概念，即能量量子化的概念。該發現奠定了二十世紀所有物理學的基礎，幾乎完全決定了其後的發展。」

量子的星際漂流

從打臉牛頓開始

Chapter 1
Chapter 2
Chapter 3
Chapter 4
Chapter 5
Chapter 6
Chapter 7
Chapter 8
Chapter 9
Chapter 10

十九世紀末，牛頓力學、馬克士威電磁場理論、吉布斯熱力學和波茲曼統計物理，已經構建起完善的物理學體系，現在我們稱之為古典物理學體系。在古典物理中，對能量變化的最小值沒有限制，能量可以任意連續變化；但在普朗克的假設中，能量有固定的最小份額，這個最小份額就是所謂的能量量子，能量只能以最小份額的倍數變化，這種特徵就叫做能量量子化。

也就是說，曾經被認為是能量連續的電磁波，其實只能以一些小份能量（量子）的整數倍形式攜帶能量，不同頻率的光波對應不同大小份額的量子（見圖 2-6），能量被憑空隔斷為斷斷續續的不連續序列。

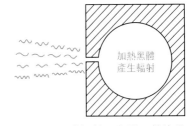

圖 2-6　黑體輻射示意圖，其能量不是連續的，而是量子化的

這真是太難以置信了！這還能叫波嗎？

能量量子化的假設，雖然解釋了黑體輻射規律，但這個假設太過大膽，當時的科學家都抱以懷疑的態度，就連普朗克本人也覺得自己的解釋不可靠，總想回到古典物理的體系。接下來的許多年，他一直嘗試如何才能用古典物理取代量子化理論，當然，最後都是徒勞無功。

不管普朗克本人多麼不情願，他提出的能量量子化假設，卻成了量子革命的開端，他也為此獲得了 1918 年的諾貝爾物理學獎。

既然能量量子化，為什麼我們從來沒有察覺到這一現象？

我們之所以在日常生活中看不到量子效應，是因為普朗克常數實在太小了，$h=6.626\times10^{-34}J\cdot s$；再換一種寫法，也許你會更清楚地感受到它有多小：$h=0.0000000000000000000000000000000066$

26 J·s。

由於普朗克常數如此微小，所以人們才一直誤以為能量是連續的。

愛因斯坦的光速不變原理開創了相對論，光速 *c* 也成為宏觀世界最重要的恆量；而普朗克的能量量子化假設，開創了量子理論，*h* 也成為微觀世界最重要的恆量。

馬克斯·普朗克（Max Planck, 1858—1947 年），德國物理學家，量子論的開山鼻祖。普朗克早期主要研究熱力學原理對於能量和熵的解釋，他的博士論文題目就是〈論熱力學第二定律〉。十九世紀末，普朗克在熱力學方面的研究得到了認可，被柏林大學聘為教授。在這一時期，他開始研究黑體輻射問題。1900 年 12 月 14 日，普朗克在德國物理學會宣讀了論文〈論正常光譜中的能量分布〉，文中他提出能量分布量子化，這篇論文將量子這個概念召喚到了歷史舞台上。從此以後，物理學發生了翻天覆地的變化。令人困惑的是，普朗克很早就給予愛因斯坦的相對論高度評價，他卻無法徹底接受自己提出的量子的概念。他在往後幾年，都試圖用古典統計理論解釋量子概念，以便將量子論納入古典物理學的範疇，當然，這不可能成功。

量
子
的
星
際
漂
流

從
打
臉
牛
頓
開
始

Chapter **3**

Chapter 1
Chapter 2
Chapter **3**
Chapter 4
Chapter 5
Chapter 6
Chapter 7
Chapter 8
Chapter 9
Chapter 10

量子化與連續性之辯

有人認為量子化的概念太過難以理解，其實仔細分析起來，連續性才是一個更讓人難以理解的概念。比如說，你能說出哪個數字和 1 是連續的嗎？是 1.1 ？還是 1.000001 ？還是 1.00000000001 ？無論你說出哪個數字，還是有無數個數字夾在它和 1 中間，那到底哪個數字才和 1 相連呢？連續性在數學上都難以找到，描述真實世界的物理量又如何能做到呢？

有人說：我雖然沒辦法連續數數，但我可以在紙上畫一條線，這條線不就是連續的嗎？

是嗎？讓我們在紙上畫一條線，然後用放大鏡仔細看看，還是連續的嗎？好，拿掃瞄穿隧顯微鏡放大上千萬倍看看，你只會看到一個一個的原子在不停振動，它們還是連續的嗎？

還有人不服氣，那時間和空間總該是連續的吧？其實這也只是人們頭腦中的一種想像，實際上，時間和空間也不連續。這一點，我們可以從古希臘哲學家芝諾提出的阿基里斯與烏龜賽跑的悖論來分析。

3.1 芝諾悖論：你能追上烏龜嗎？

阿基里斯是古希臘神話中的跑步健將，假設他和烏龜賽跑，他的速度為烏龜的 10 倍，烏龜在其前面 10m 處出發，他在後面追，芝諾可以證明，阿基里斯永遠追不上烏龜！

當阿基里斯追到 10m 時，烏龜已經向前爬了 1m；而當他追過這 1m 時，烏龜又已經向前爬了 0.1m，他只能再追向那個 0.1m（見圖 3-1）。因為追趕者需要用一段時間才能達到被追者的出發點，這段時間內被追者已經又往前走了一段距離，所以被追者總是在追趕者前面。這樣，阿基里斯就永遠也追不上烏龜！

這個悖論的問題在哪裡？乍看之下，其邏輯推理確實無懈可擊；但實際上，這個推理建立的基礎是：時間和空間可以被無限分割。因為芝諾將追趕的過程分成了無窮多個部分，到後來阿基里斯與烏龜的距離無窮小，追上這段距離所需的時間也無窮小，而如果時空真能無限分割，那麼他當然永遠追不上。

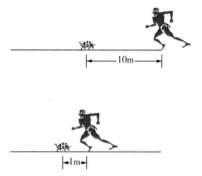

圖 3-1　阿基里斯追烏龜

數學家這麼解釋：阿基里斯雖然需要追趕無窮多段路程，每一段路程也需要一定時間，但這無窮多個時間構成的是收斂數列，也就是說，這個無窮數列的總和有限。假設阿基里斯速度是 10m/s，則這無窮多個時間的總和是 10/9s，即：

$$1 + \frac{1}{10} + \frac{1}{100} + \frac{1}{1000} + \cdots = \frac{10}{9}(s)$$

但是數學家顯然迴避了另一個問題，就是阿基里斯如何在有限的時間裡完成這無窮多個過程？只要是無窮，那就沒有盡頭，他怎麼能一眨眼就完成呢？

3.2 玄而又玄的無窮

事實上，問題就出在這個無窮上。無窮大和無窮小都是數學所製造、很玄虛的概念，很多悖論都是在此基礎上產生。為什麼說無窮大和無窮小很玄虛呢？我們來看看下面的例子。

正整數有無窮多個，正整數的平方也有無窮多個，即：

正整數	1	2	3	4	5	6	7	8	…
平方數	1^2	2^2	3^2	4^2	5^2	6^2	7^2	8^2	…

那到底是正整數多呢，還是它們的平方數多呢？數學家認為它們一樣多，因為上下兩列數字建立了一一對應關係。

可是從另一個角度看，平方數明明只是正整數的一部分，平方數應該遠遠少於正整數啊！從這個角度來看，平方數只和正整數中的一小部分建立了一一對應關係，即：

正整數	1, 2, 3, 4, 5, 6, 7, 8, 9, 10, …, 15, 16, 17, …, 24, 25, 26, …
平方數	1^2,　2^2,　　　3^2,　　　　4^2,　　　　5^2,　　…

這兩個數列都包含無窮多個數，也就是說它們的個數都無窮大，那麼這兩個無窮大到底是什麼關係呢？真是讓人困惑。

無窮小也很玄虛，無窮小到底是多小？無窮小加無窮小是多少？無窮小乘無窮小呢？都是無窮小嗎？多少個無窮小相加才能不是無窮小呢？恐怕誰也說不清楚。

造成困惑的原因就在於：無窮大和無窮小都是人們想像出來的東西，在真實世界中不存在！

事實上，人人都知道阿基里斯很快就能追上烏龜，既然如此，那就證明芝諾推理的基礎是錯的，也就是說，他不能將追趕的過程分成無窮多個部分，時間和空間不能被無限分割，或者說，時間和空間是不連續的！

▌3.3 時空是量子化的

現代物理理論認為：時空不能被無限分割，時空也存在著不可分割的基本結構單位。長度的最小單位大約是 10^{-35}m，時間的最小單位大約是 10^{-43}s，低於這兩個值的時空無法達到，也就沒有意義。

	最小單位	精確值
長度	普郎克常數	1.61624×10^{-35}m
時間	普郎克常數	5.39121×10^{-44}s

由此看來，時空也是不連續、是量子化的，時空流逝就像播放電影一樣，一幀一幀疊加起來，看上去連續，實際上是以我們人類察覺不到的微小單位在前進。

普朗克長度實在是太小了，要知道：原子的尺度是 10^{-10}m，原子核的尺度是 10^{-15}m，而普朗克長度比原子核還小 20 個數量級。打個比方：如果把普朗克長度放大到大頭針針尖大小，那麼大頭針就會有宇宙那麼大；普朗克時間也極其微小，這正是我們以為時空是連續的原因。

量
子
的
星
際
漂
流

從
打
臉
牛
頓
開
始

Chapter 1

Chapter 2

Chapter 3

Chapter 4

Chapter 5

Chapter 6

Chapter 7

Chapter 8

Chapter 9

Chapter 10

3.4 運動是連續的嗎？

既然時空不連續，那麼很自然就會得出運動也是不連續的結論。由於實驗條件的限制，科學家還無法直接觀察到微粒的運動狀態，因此對不連續運動的研究比較少，而且還停留在理論階段；但近幾年，有學者提出了一個嘗試解釋運動本質的「量子跳躍／量子停止」假說。

這一甚為大膽的假說認為：當把某一粒子運動的宏觀軌跡無限細分之後，細分後的每一段只能由兩種狀態組成：一是「量子跳躍」，指粒子由空間的一點運動到另一點，而時間在這一過程中是停止的；另一狀態是「量子停止」，即粒子停止在空間內的某一點，而時間是流逝的，圖 3-2 中，Δr 表示量子跳躍的距離，Δt 表示量子停止的時間。

愛因斯坦早已在相對論中，指出時間和空間構成四維時空，我們是在四維時空中運動。「量子跳躍／量子停止」假說則指出：粒子只能在時間維度和空間維度中輪流運動，而在四維時空裡連續運動的狀態不存在。這種假說是否正確，當然現在沒有定論，但不連續運動這一問題卻值得我們深思探討。

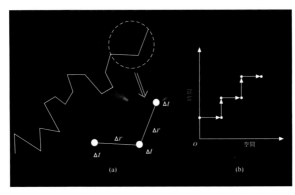

圖 3-2 「量子跳躍／量子停止」假說示意圖

▌3.5 量子化才是世界的本質

既然無法找到真正連續的東西，那麼連續只能是數學中一個理想化的概念，在物理學中，在真實的世界中，量子化才是世界的本質！所以說，雖然普朗克自己沒有意識到，但他的量子化假設卻開啟了人類真正認識世界的大門。

需要特別說明的是：量子化和不連續仍有區別。打個比方，假如能量量子是 1，那麼能量的取值就只能是：

$$1，2，3，4，\cdots$$

即 1 的整數倍，這叫量子化。如果你給定一系列能量，比如說：

$$1，1.5，2，2.5，\cdots$$

儘管也是不連續，卻與量子化不符。

也就是說，量子化不但不連續，還是有嚴格限定條件的不連續。這看起來好像難以理解，不過當你想想構成世界的原子只能是 1 個、2 個、3 個……電子只能是 1 個、2 個、3 個……基本粒子只能是 1 個、2 個、3 個……而沒有半個，應該就能理解為什麼能量也是 1 份、2 份、3 份……了吧。

如果你還覺得疑惑，那麼接下來就看看愛因斯坦如何理解能量量子化吧。

Chapter 4

光的波粒二象性

普朗克用能量量子化假設解釋黑體輻射規律的論文發表後，雖然受到普遍質疑，但也引起了某人的興趣，這個人就是愛因斯坦。當然，那時候的他還是個默默無聞的專利局小職員，但這個小職位也是他在經過兩年多的失業痛苦後，才好不容易謀到的。

愛因斯坦具有敏銳的科學洞察力，他不但利用勞侖茲變換（Lorentz transformation）建立了狹義相對論，而且還利用普朗克的能量量子化假設解釋了光電效應，從而揭示了光的本質。

4.1 愛因斯坦的光子理論

普朗克提出電磁波所攜帶的能量是量子化的，不同頻率電磁波的能量量子為 $h\nu$，但他並沒有提到電磁波為什麼會出現這一份一份的能量單位，而且他認為這一份一份的能量單位仍然是一種振動的波。

愛因斯坦則敏銳地認識到：在這一份一份的能量單位裡大有文章。

當時已經知道光是一種電磁波，愛因斯坦把黑體輻射和光電效應的實驗現象結合考量，又思考了牛頓的光微粒說，從而認識到：如果把這一份一份的能量量子看作是粒子，光透過具有粒子性的能量量子傳播，並與物質發生交互作用，光電效應問題就迎刃而解。愛因斯坦將這種能量點粒子稱為光量子，後來人們改稱為光子。

愛因斯坦得出了光子的能量公式，即：

$$E=h\nu$$

E 為每個光子的能量，ν 為光的頻率。

1905 年，愛因斯坦發表了闡述這一觀點的論文，題為〈關於光的產生與轉化的一個試探性觀點〉，他在論文中解釋光電效應作為光子理論的一個事例，並從理論上推導出描述光電效應的光電方程式。

他在論文中這樣寫：

「在我看來，關於黑體輻射、光致發光（Photoluminescence）、光電效應以及其他有關光的產生和轉化現象的實驗，如果用光的能量在空間中不連續分布的這種假說來解釋，似乎就更好理解。按照我的假設，從點光源發射出來的光束能量，在傳播中不是連續分布在越來越

大的空間之中，而是由個數有限、局限在空間各點的能量量子所組成，這些能量量子能夠運動，但不能再分割，而只能整個被吸收或產生。」

　　光子學說可以合理地解釋光電效應。因為每一個光子的能量都是固定的 $h\nu$，那麼光照射到金屬表面，金屬所受到的打擊主要取決於單一光子的能量而不是光的強度，光的強度只是光子流的密度而已。

　　打個比方：光子就是子彈，能否打穿鋼板只取決於子彈的動能，而與子彈的發射密度無關。如果是大口徑步槍，一顆子彈就能擊穿鋼板，如果是玩具手槍射出的塑膠子彈，一百把手槍同時發射也打不穿鋼板。

　　在光電效應實驗中，紫外線就是大口徑步槍的子彈，可見光就是玩具手槍的子彈，所以很弱的紫外線就可打出電子，而再強的可見光也打不出電子，因為可見光的強度高，只不過意味著塑膠子彈密集發射而已。

　　因為光子能量是 $h\nu$，所以被光子打出來的電子的動能就與光的頻率 ν 成正比，而與光強無關。

　　1909 年，愛因斯坦在一次國際會議上，進一步提出光子應該具有動量；1916 年，他在另一篇論文〈關於輻射的量子論述〉中提出了光子的動量公式：

$$p=h/\lambda$$

p 為每個光子的動量，λ 為光的波長。

　　其實，推導光子的動量公式對愛因斯坦來說相當容易，他將自己的得意之作、狹義相對論中的質能等價方程式用在光子身上，得

到光子動能為：

$$E=mc^2$$

而在他光量子理論中光子動能為：

$$E=h\nu=hc/\lambda$$

二者聯立就能得到：

$$p=mc=h/\lambda$$

c 為光速，它既是光子運動的速度，也是電磁波傳播速度。

在此，愛因斯坦巧妙地將代表波動性的能量公式 $E=h\nu$，和代表粒子性的能量公式 $E=mc^2$ 結合，統一了波動性和微粒性這兩種表現形式。

▌4.2 光子理論是牛頓微粒說的回馬槍嗎？

光子概念的提出，既符合普朗克的能量量子化假設，又能合理解釋光電效應，按理說應該引起人們的重視，可是因為當時大家已經公認了光就是一種電磁波，現在愛因斯坦又重提微粒說舊談，又明顯牴觸馬克士威的電磁場理論，所以很多科學家都視之為奇談怪論，甚至連普朗克都表示反對。

光子理論真的是微粒說的老調重彈嗎？

愛因斯坦在他的光子理論中提出了兩個重要公式：

光子能量 $E=h\nu$

光子動量 $p=h/\lambda$

量子的星際漂流 從打臉牛頓開始

Chapter 1
Chapter 2
Chapter 3
Chapter 4
Chapter 5
Chapter 6
Chapter 7
Chapter 8
Chapter 9
Chapter 10

λ 為光的波長，ν 為光的頻率，h 是普朗克常數。

這兩個公式看起來簡單，實際卻不簡單。愛因斯坦透過這兩個公式將微粒和波結合：粒子的能量和動量，是透過波的頻率和波長來計算，也就是説，愛因斯坦同時賦予了光粒子和波的屬性，光具有波粒二象性！

可見，光子理論並不是舊的微粒説，而是結合了微粒性和波動性的新理論，這是一個偉大的新發現。

普朗克很早就給予愛因斯坦的相對論高度評價，但對光子理論卻持否定態度，實在是令人困惑；然而，這似乎又不奇怪。如前所述，普朗克本人一直試圖將自己的能量量子理論納入古典物理學範疇，當然，這不可能成功。

儘管被普遍質疑，但事實勝於雄辯。1916 年，密立根在研究光電效應實驗十年後，終於全面證實了愛因斯坦光電方程式的正確性，科學家不得不認真審視光量子理論，並最終承認，愛因斯坦因此獲得了 1921 年的諾貝爾物理學獎，密立根獲得了 1923 年的諾貝爾物理學獎。

阿爾伯特·愛因斯坦（Albert Einstein, 1879—1955 年），世界上最偉大的物理學家之一。愛因斯坦出生在德國的一個猶太人家庭，1894 年隨家遷居義大利，隨後隻身到瑞士的蘇黎世求學，1900 年畢業於瑞士聯邦理工學院（也譯作蘇黎世聯邦理工學院或蘇黎世聯邦工業大學），待業兩年後，被瑞士伯恩專利局聘為技術員。1905 年，身為技術員的愛因斯坦發表了改變世界的三篇論文，這三篇論文闡述了他當時建立的三個理論：①狹義相對論；②根據分子熱運動解釋布朗運動的理論；③解釋光電效應的光量子理論。其中，光量子理論對量子力學貢獻良多。1909 年，愛因斯坦離開專利局，開始在各個大學輾轉任教。1916 年，他又建立了廣義相對論，廣義相對論是關於大尺度範圍內的時

空和重力的理論，使現代科學面貌徹底改觀。可以說，愛因斯坦既是宏觀物理學的開創者，又是微觀量子理論的奠基人。相對論和量子力學給物理學帶來了革命性的變化，共同奠定了現代物理學的基礎，以此看來，用曠世奇才來形容愛因斯坦應該一點也不為過。

▌4.3 原子能量量子化與原子光譜

　　1913 年，丹麥物理學家波耳利用量子化假設以及光子理論，解釋了氫原子的線狀光譜。

　　波耳提出一個新的原子結構模型（見圖 4-1），此模型中，原子中電子的運行軌域固定，每一個軌域對應一個固定的能量，即軌域能量量子化。電子只能在確定的分立軌域上運行，此時並不輻射或吸收能量，只有當電子在各軌域之間躍遷時，才有能量輻射或吸收。

　　另外，能量是以光子形式輻射或吸收，輻射或吸收光子的能量，就是兩個躍遷軌域的能量差，即：

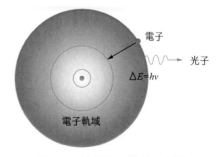

$$\triangle E = h\nu$$

$\triangle E$ 是兩個躍遷軌域的能量之差，也就是光子的能量；ν 為光子的頻率。

圖 4-1　波耳原子模型示意圖

　　由於軌域能量量子化，所以輻射或吸收光子的能量也是量子化，所對應光子的頻率也是量子化，因此，原子光譜的譜線是分離的，而不是連續。波耳據此圓滿解釋氫原子光譜的波長分布規律，隨後又得到多種實驗驗證。

現在看來，波耳的原子模型還很不完備，比如「軌域」這種說法仍是古典的概念，實際上電子並沒有固定的運動軌跡；另外，它也只能解釋氫原子（只含一個電子）的光譜，對多電子原子的光譜則會出現很大偏差。但不管怎麼說，此模型提出了原子能量量子化的觀點，這在當時已經屬於很大的進步，波耳也因此獲得了 1922 年的諾貝爾物理學獎。

尼爾斯·波耳（Niels Bohr, 1885—1962 年），丹麥物理學家，「哥本哈根學派」的領軍人物。1907 年，波耳以一篇〈論水的表面張力〉的論文獲得了丹麥皇家科學院的金質獎章。1912 年，波耳來到了曼徹斯特，在拉塞福身邊工作，開始研究原子結構問題。1913 年，波耳的長篇論文〈論原子和分子的結構〉分三期發表，他將普朗克常數和愛因斯坦的光量子理論運用到原子理論中，解釋了氫原子的發射譜線，奠定了原子結構的量子理論基礎。1920 年，波耳在丹麥哥本哈根大學創立理論物理研究所，並親自擔任所長達四十年。波耳周圍聚集了許多年輕有為的理論物理學家，如海森堡、包立、狄拉克等，使這個研究所成為量子力學的研究中心，曾在該所工作過的科學家，日後建立了量子力學的「哥本哈根詮釋」（通常被稱作「正統解釋」）。「哥本哈根詮釋」形成於 1925—1927 年間，主要內容包括波耳的對應原理和互補原理、海森堡的測不準原理、玻恩的波函數機率論解釋、波函數塌縮等。

4.4　量子理論與光的本性

普朗克的能量量子化理論、愛因斯坦的光量子理論，以及波耳的原子軌域能量量子化理論，成功地解釋了當時物理學界的三大難題，而其基礎都建立在量子化假設上，引起了當時科學家研究量子理論的熱潮，為量子力學奠定了基礎，同時也再一次引起人們探討光的本性。

如前所述，人們曾經為光的波動說和微粒說爭論不休，但誰也

沒有意識到它們並非水火不容。第一個將光的波動性和微粒性結合考量的人是愛因斯坦，他認為電磁波不僅在被發射和吸收時以能量 $h\nu$ 的微粒形式出現，而且在空間運動時也具有這種微粒形式，也就是光子。

早在 1905 年，愛因斯坦在他提出的光量子假說中，就隱含了波動性與微粒性是光的兩種表現形式的想法。1909 年，愛因斯坦又撰文討論電磁波問題，明確了光的波動性和粒子性是融合的。1916 年，他更加確立了光量子的粒子性質，提出光量子應具有單一方向的動量，這是粒子性的重要體現。

愛因斯坦在 1916 年指出：根據狹義相對論，光子具有能量的同時，也應具有單一方向的動量，原子或分子發射光子時，不僅會發生能量轉移，而且應受到反作用力而發生動量轉移。要知道，只有兩個粒子碰撞才能產生反作用力，所以如果發現這個反作用力，就能有力地證明光子是一種粒子。

愛因斯坦的理論很快就得到了實驗驗證。1923 年，康普頓和他的學生吳有訓在 X 射線散射實驗中，證明了光子與電子在交互作用中確實有動量交換，而這種碰撞作用只靠電磁波理論無法解釋，從而有力地支持了愛因斯坦的光子學說，康普頓也獲得了 1927 年的諾貝爾物理學獎。

可以說，康普頓的實驗結果不但驗證了光子學說，而且也驗證了相對論，畢竟光子動量公式是從相對論公式 $E=mc^2$ 推導出來。難怪愛因斯坦當年得知康普頓的實驗結果時是那樣欣喜若狂，他熱情地宣傳和讚揚康普頓的發現，多次在會議和報刊上提到它的重要意義。比如 1924 年 4 月 20 日，他專門在《柏林日報》上發表了題為〈康普頓的實驗〉的文章，全面闡述將光的波動性與粒子性結合起來的光子學說。

密立根的光電效應實驗和康普頓的 X 射線散射實驗，都為光的粒子性提供了令人信服的證據，而且康普頓效應比光電效應更進一步，它為光的粒子性假說提供了更完全的證據。於是，愛因斯坦融合了波動性和粒子性特徵的光子學説也迅速獲得了廣泛的承認，而且人們為光的本性發明了一個新名詞——波粒二象性，這是人類認識物質世界的一大步！

量子的星際漂流 從打臉牛頓開始

Chapter 5

Chapter 1
Chapter 2
Chapter 3
Chapter 4
Chapter 5
Chapter 6
Chapter 7
Chapter 8
Chapter 9
Chapter 10

愛因斯坦的疑問：
什麼是光子？

光子理論的誕生，對物理學乃至整個自然科學，都有極其深遠的影響。

雖然光子理論是由愛因斯坦提出，但連他也不明白什麼是光子。這不是我信口開河，請看他在 1951 年說過的一段話：

"All these 50 years of pondering have not brought me any closer to answering the question, "what are light quanta?" These days every Tom, Dick and Harry thinks he knows it, but he is mistaken."

翻譯過來就是：

「什麼是光量子？五十年來我一直在認真思考這個問題，可是一步都沒有接近答案。眼下像湯姆、迪克和哈利這樣的人，都以為自己了解光量子，其實都是錯的！」

湯姆、迪克和哈利是誰？愛因斯坦沒有指名道姓，卻囊括了所有人。在他眼裡，沒有人能真正理解什麼是光子，包括他自己。

愛因斯坦於 1955 年去世，也就是說他研究了一輩子，仍沒有明白什麼是光子。他是在開玩笑嗎？你對光子的性質了解越多，你就越會發現愛因斯坦絕不是在開玩笑，因為光子的性質實在太讓人費解了。

5.1 光與電磁波：剪不斷理還亂

人們早已認識到，電磁波與光就是同一事物的不同稱呼，當然這裡的光指的是廣義的光，並不是指可見光。人們把光分為很多波段（見圖 5-1），比如波長 400 ～ 700nm 的光是可見光，也就是人類肉眼能識別的電磁波；波長 0.01 ～ 10nm 的光是 X 射線等等。

電磁波的波長 λ 和頻率 ν 的乘積是光速 c，即：

$$\nu\lambda=c$$

也就是說，光的頻率越高，波長就越短；頻率越低，波長就越長。

電磁波的所有波段，都是靠 $E=h\nu$ 的光子來攜帶能量，只不過不同波段 ν 不同，光子的能量也不同而已，光子就是獨立的電磁波載體粒子。

你也許會說，光就是電磁波，這也沒什麼！

可是如果你再仔細想想，就會發現光子是個很奇怪的東西。

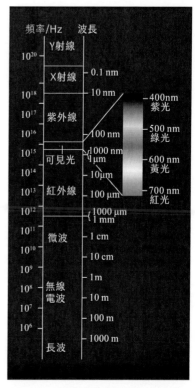

圖 5-1　電磁波譜圖，不同頻率的電磁波對應著不同能量的光子

光子是攜帶電磁波能量的點粒子，但是由它組成的電磁波卻能彌散在空間中。我們想像中、在空間中振盪的電磁波，其實不過是一個個光子的飛行；但電磁波卻能繞過與其波長相近的障礙物前

量子的星際漂流

從打臉牛頓開始

Chapter 1
Chapter 2
Chapter 3
Chapter 4
Chapter 5
Chapter 6
Chapter 7
Chapter 8
Chapter 9
Chapter 10

進，比如無線電波就能繞過大樓傳播，那麼光子是怎麼從大樓中通過？繞過去還是穿過去？

如果是繞過去，那這些粒子是如何判斷前方有障礙物，並從直線飛行改成繞射？電磁波的傳播速度和光子的運動速度相同，都是光速 c（約 30 萬 km/s），如果光子繞射，而電磁波還在以光速傳播，那麼光子在繞射時豈不是超過了光速？如果是直線穿越，光子如何能保證不被吸收？

在古典電磁波理論裡，電磁波是由交流的同心圓磁場和同心圓電場相互激發，在空間傳播而形成。簡單來說，它是靠振盪的電場和磁場來傳播，而且電磁波是橫波。電磁波完全可以用振動的傳播來描述其性質，但它卻並非振動而是光子流！又該如何理解二者的統一性呢？

看到這，你會不會覺得有點頭暈眼花？是不是覺得原先很清晰的光子形象逐漸模糊？

5.2 波動光學與量子光學：為什麼有兩種？

光既是由光子組成的粒子流，又是電磁波，於是在光學領域就出現了兩種光學分支：古典的電磁波理論（波動光學）與量子光學。

目前，大部分的光學現象可以用古典的馬克士威電磁理論解釋，無須量子的觀點。

物理學家已經開始研究亞波長尺度、金屬特殊結構內的光學現象。但是，無論將金屬的特殊結構尺度做得多麼小，使其遠遠小於光的波長，甚至奈米量級，其光場特性都可以用古典的馬克士威方程組正確完整地描述，而無須借助量子光學，小尺度上電磁波理論

也能勝任，這又是令人困惑。

然而，還有一小部分光學現象，電磁波理論無法解釋。比如雷射理論中涉及光子的發射與吸收的一些實驗現象，這些實驗現象就要用光子理論解釋，從而發展出一個新的光學分支——量子光學。

對於一些光學現象，人們理所當然地使用古典電磁波理論闡述；而對於另一些光學現象，人們又心安理得地用量子光學來處理。兩種理論互不干涉，各用各的，可它們的研究對象卻是同一種東西——光。

既然都是光學，為什麼波動光學和量子光學無法形成一套統一的理論呢？如何系統地研究波動光學和量子光學的對應關係呢？

現狀是：如果你需要把光看成波，那它就是波；你需要把光看成粒子，那它就是粒子，這難道不讓人困惑嗎？

▌5.3 光的偏振：光子也會思考嗎？

波動有橫波與縱波之分。縱波的振動方向與傳播方向相同，而橫波的振動方向與傳播方向垂直，橫波的這種特性也叫偏振性。圖 5-2 所示為判別橫波與縱波的簡易裝置。橫波只有在其振動方向和狹縫方向一致時才能繼續傳播，否則就被阻礙；而對於縱波來說，狹縫的方位不影響其繼續傳播。

我們知道，光就是電磁波。電磁波是交流電場與交變磁場的相互激發與傳播。在任一時刻，振動的電場強度向量 E 和振動的磁感應強度向量 B 都是隨時間變化，它們互相垂直，而且也都與傳播方向垂直，所以電磁波是橫波，圖 5-3 所示。實際上，電磁波沿各個不同方向傳播，圖中只是沿某一條直線傳播的示意圖。

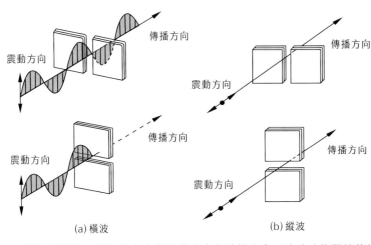

圖 5-2 橫波與縱波，橫波只有在其振動方向和狹縫方向一致時才能繼續傳播，否則就被阻礙；而對於縱波來說，狹縫的方位不影響其繼續傳播

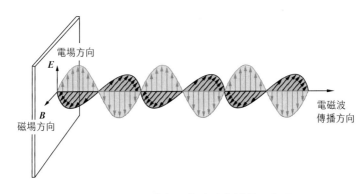

圖 5-3 電磁波沿某一條直線傳播的示意圖

　　光既然是橫波，就具有偏振性。在研究光的偏振現象時，只要研究電場強度向量 E 的振動就行了，所以也可把 E 向量的振動稱為光的振動。偏振光的範圍不僅限於可見光，其他頻率的電磁波也有偏振。要想從發射台發射兩個頻率非常接近的電波時，就必須有所區分，一個採用水平方向偏振，另一個則採用垂直方向偏振。用戶根據天線的傾斜方向，只接受一種偏振波，就可避免兩種訊號混淆。

　　之所以觀察不到普通光源發出自然光的偏振性，是因為自然光中含有各種不同的光，故包含了所有角度的振動方向，而使用偏光片可以將自然光變成偏振光。

　　常見的偏光片是由梳狀長鏈形結構高分子材料作為基片，並浸入碘液中，使碘原子整齊地附在分子鏈上，再將薄膜單向拉伸 4 ～ 5 倍，從而使這些分子平行排列在同一方向上製成。偏光片可以擋住其他方向的光，只留下某一方向的光通過，大致可以想像成一系列平行、極窄的狹縫。

　　現在我們讓一束沿垂直方向振動的偏振光照到另一偏光片上，如果這個偏光片的狹縫也垂直，則光能通過；可是如果把偏光片旋轉 90°，狹縫變成水平，光就被擋住了，無法通過（見圖 5-4 和圖 5-5）。

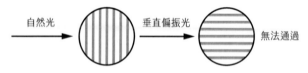

圖 5-4　垂直偏振光會被水平偏光片擋住

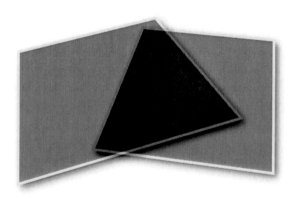

圖 5-5　兩片水平和垂直的偏光片疊放在一起

現在的問題是：光既然是由一粒粒光子組成，那麼為什麼對於同樣寬度的狹縫，這一束沿直線傳播的光子在狹縫垂直時能通過，而在狹縫水平時就不能通過呢？如果把光強減弱到每次只發射一個光子，這個光子又如何知道前面的狹縫是水平還是垂直的呢？就像你往鐵柵欄裡丟石頭，柵欄是直的就能丟過去，而柵欄是橫的就丟不過去，這難道不奇怪嗎？

更不可思議的是，讓一束沿垂直方向振動的偏振光照到另一偏光片上，如果這片偏光片與垂直方向的夾角是 45°，那麼就正好有一半光能通過，通過後的光的偏振面也旋轉了 45°（見圖 5-6）。

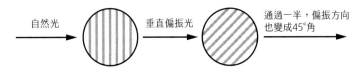

自然光　　　　　　　　垂直偏振光　　　　　通過一半，偏振方向也變成45°角

圖 5-6　垂直偏振光會被 45°角偏光片擋住一半

一束光的強度可以分為一半，但一個光子無法分成兩半，對於來到第二個偏光片的光子，它如何選擇自己的路？是前進，還是被擋住？由什麼來決定？如果你覺得是大量光子間相互影響，我們可以讓垂直偏振光的光子一個一個發射，那麼當一個光子遇到第二片偏光片時，完全不會受到其他光子的影響，因為它們還沒有發射；可是，當你發射到第 100 個光子時，你會驚奇地發現：通過和沒通過第二片偏光片的光子數，基本就是 50：50，那麼對於每一個光子來說，它是如何決定自己是否應該通過？

更妙的是，如果你把第二片偏光片轉成其他角度，光子就會自動計算出應該通過的機率，然後不管你是一個一個發射，還是一束一束發射，它們總能按相應的比例通過，它們到底怎麼做到的？實在是讓人百思其解。

▎5.4 光速不變：相對中的絕對

在相對論中，光也有不可思議的特性。

光在真空中永遠以光速 c 運動，而與觀察者的運動狀態無關，這就是所謂的光速不變原理，是建立狹義相對論的兩個基本原理之一。

也就是說，無論在哪個慣性參考系中，不管這個參考系處於什麼樣的運動狀態，測量出來的光速都是 c。假設你在運動速度為 $0.9c$ 的太空船上打開手電筒，那麼你看到手電筒的光速為 c，地球上的人看到手電筒的光速也為 c，迎面飛來的太空船看到手電筒的光速仍為 c。這看起來似乎很荒謬，但這是真的。因為不同的觀察者在以不同的方式衡量時間和空間，唯有光速不變。

愛因斯坦自己曾說過，他在 16 歲時就想到了一個悖論：

如果我以光速伴隨周圍的光線運動，那麼周圍的光線就會在我身邊靜止，我將會看到一幅靜止不動的畫面，那麼我該如何判斷自己到底是靜止不動，還是在以光速運動？

正是這樣的思考促使他提出了相對論，提出了光速不變原理，革新了傳統的時空觀念，它強調了光速的絕對性，時間和空間卻具有相對性。

光為什麼在宇宙中如此特殊，具有絕對速度呢？

在相對論中，運動的時鐘要變慢。當物體運動速度逐漸接近光速的時候，時鐘會變得越來越慢；當達到光速時，時間就會停止。也就是說，在以光速運動時，時間是靜止的。光子是以光速傳播，意味著對於光子來說，時間沒有意義。從太陽發射光子到達地球的過程中，用地球上的時鐘測量，所用時間大約是 8 分鐘；然而對於

這個光子本身來說，根本沒有花任何時間。

在光子的眼裡，只有空間，沒有時間，你能理解嗎？

5.5 靜止質量為零：有還是沒有？

光子的靜止質量為 0。所謂靜止質量，就是指物質相對於某慣性系靜止時的質量，而光永遠不會靜止。光在真空中永遠以光速 c（29.9792458 萬 km/s）運動，在其他介質中速度會減小，但它不會靜止；一旦靜止，就意味著被別的物質吸收。

你絕不會捕捉到一個靜止的光子，為什麼？因為愛因斯坦提出，光子的靜止質量為零，它只有運動質量。

在相對論中，物體的質量隨運動速度而變化，如果一個物體的靜止質量不為 0，那麼它到達光速時，運動質量就會變得無窮大。所以只有光子這種靜止質量為 0 的粒子才能以光速運動，其他物體的最大運動速度都不會超過光速。

根據 $E=mc^2=h\nu$，可以得到光子的運動質量 $m=h\nu/c^2$，也就是說，對於不同頻率的光，其光子的質量也不同。這真是令人難以理解，靜止質量為 0，光子到底存不存在？運動質量不同，這個質量又是怎麼產生的？

這個問題也許只有從 $E=mc^2$ 來尋找答案。這個狹義相對論中最有名的公式，揭示了質量和能量的轉化關係。用愛因斯坦的話來說就是：

「能量就是質量，質量就是能量。」

能量直接轉變為質量產生光子，所以光子是從無到有，因而沒

量子的星際漂流 從打臉牛頓開始

Chapter 1
Chapter 2
Chapter 3
Chapter 4
Chapter 5
Chapter 6
Chapter 7
Chapter 8
Chapter 9
Chapter 10

有靜止質量，但能量又是怎麼產生？光子是一產生就以 3×10^5km/s 的速度運動，還是有個從 0 到 3×10^5km/s 的加速過程？

以現有理論來看，光子不可能有從 0 到 3×10^5km/s 的加速過程，所以光子一產生就以光速運動，而它是怎麼做到的？

2007 年，法國物理學家已經設計出一種能夠捕獲光子的裝置，這種光子捕獲儀可以捕捉單一光子。這種裝置裡有一個空腔，空腔裡是反光能力極強的超導鏡子，能夠在 0.14s 的時間裡捕捉並監控一個光子。別小看這 0.14s，在這段時間裡，一個自由的光子可以走完地球到月球大約十分之一的距離。

但即便如此，誰又敢說人類已經真正認識了什麼是光子，什麼是光呢？人類在光子面前，看來還得吟出屈原的那句詩：「路漫漫其修遠兮，吾將上下而求索。」

Chapter **6**

實物粒子的波粒二象性

波粒二象性是一種很奇怪的性質,光在需要被當作粒子看待時,它就是光子流;在需要被當作波看待時,它就是電磁波,這真是太不可思議了!沒辦法,人類的語言都是建立在直觀的感官經驗基礎上,對於光這種奇怪的性質,人類的語言無法準確描述,只好用波粒二象性這樣含混的字眼表達。

光的波粒二象性也許還不是最不可思議的,畢竟,光是一種不同於其他物質的特殊物質。光子的靜止質量為 0,而在已經發現的粒子中,除了光子和膠子外,其他粒子都有靜止質量。這些有靜止質量的粒子都實實在在,所以科學家稱之為實物粒子。虛無縹緲的光子與實實在在的物質有所不同,也算是正常現象吧!於是人們就安心接受了光的波粒二象性,然後繼續用古典物理學研究實物粒子。

可是,有一個人卻發出了疑問:既然一度被視為波的光被發現具有粒子性,那為什麼一直被認為是粒子的實物粒子不能具有波動性呢?

6.1 德布羅意的驚人假設

發出疑問的這個人叫德布羅意，法國人，他本來專攻歷史，而哥哥是研究 X 射線的專家。在哥哥的影響下，德布羅意對物理前沿進展很感興趣，於是就改行攻讀物理博士學位。也許正因如此，他對古典物理學的條條框框並不反感。1924 年，德布羅意在博士論文中提出了一個令人瞠目結舌的觀點：實物粒子和光一樣，也具有波粒二象性！

對於這個觀點的提出，德布羅意自己回憶道：

「1923 年，我獨自苦苦思索了很久，突然有了一個想法，愛因斯坦 1905 年的發現應當被推廣，應用到所有的物質粒子，特別是電子上。」

德布羅意提出了實物粒子的動能和動量公式，仍然沿用了愛因斯坦的光子公式：

$$動能\ E=h\nu$$

$$動量\ p=h/\lambda$$

λ 為粒子的物質波的波長，ν 為物質波的頻率，h 是普朗克常數。

實物粒子在運動時，伴隨著波長為 λ 的物質波（也叫德布羅意波）。德布羅意推導出的關係式，雖然形式上和愛因斯坦的光子關係式一樣，卻是一個全新的假設。物質波與光波不同，光速 c 既是光波的傳播速度，又是光子的運動速度；而實物粒子的運動速度，並不等於物質波的傳播速度。

這個觀點太大膽了，因為從來沒有人觀察到電子、原子、分子

等實物粒子居然也有波動性。德布羅意的導師朗之萬實在無法評價其論文，不知是否應該接受，最後乾脆寄了一份給愛因斯坦，請他評價。

愛因斯坦非凡的科學洞察力，讓他立刻意識到物質波的想法具有重大意義。他在回信中對論文大加讚賞，於是朗之萬接受了德布羅意的論文，並允許他參加答辯。

在博士論文答辯時，有評委提問，用什麼實驗可以驗證這一新觀念？德布羅意答道：「透過電子在晶體上的繞射實驗，應當有可能觀察到這種假定的波動效應。」但是當時並沒有人做過這樣的實驗，所以答辯委員會也無法評判論文的價值，幸好大家知道愛因斯坦對論文的評價很高，所以德布羅意順利拿到了博士學位。

德布羅意答辯結束三週後，愛因斯坦寫信向勞侖茲，介紹了德布羅意的博士論文。他在信中寫道：「我相信這是揭開物理學最困難謎題的那第一道微弱的希望之光。」

然後愛因斯坦很快就在自己一篇有關量子統計的論文中，專門介紹了德布羅意的研究：「一個物質粒子或物質粒子系如何與波場相對應，德布羅意先生已在一篇很值得注意的論文中指出了。」

路易·維克多·德布羅意（Louis Victor de Broglie, 1892—1987 年），法國物理學家。他出生於塞納河畔一個顯赫的貴族家庭，從小就酷愛讀書，中學時代顯示出文學才華，從 18 歲開始在巴黎索邦大學學習歷史，並於 1910年獲得歷史學位。1911 年，他聽到作為第一屆索爾維會議祕書的哥哥，談到物理學家在會議上關於光、輻射、量子性質等問題的討論後，產生了強烈的興趣，於是轉而研究理論物理學，並於 1913 年獲理學學士學位。第一次世界大戰期間，德布羅意在艾菲爾鐵塔上的軍用無線電報站服役，1919 年退役後，在巴黎索邦大學跟隨朗之萬攻讀物理學博士學位。1924 年，他完成了博士論文〈量子理論研究〉，提

出了實物粒子也具有波粒二象性的觀點，開啟了量子力學的新紀元。1926 年，德布羅意還試著發展一種不同於機率解釋的領波理論，用因果關係來解釋波動力學。1950 年代，美國物理學家戴維·玻姆（David Bohm）對這一理論加以發展，成為現在的德布羅意－玻姆理論，當然這個理論目前處於量子理論的主流之外。

6.2 實物粒子波動性的觀察

在愛因斯坦的大力支持下，德布羅意關於實物粒子也具有波粒二象性的觀點，立即引起了物理學界的關注。

按照物質波的公式計算，實物粒子的波長非常小。例如電子在 1000V 的加速電壓下，波長僅為 39pm，波長的數量級和 X 射線相近，所以用普通光柵很難檢驗其波動性。不過晶體倒是一種天然的光柵，由於晶體中同一方向的晶面平行等距排列，且晶面間距與電子波長相近，所以可以用晶體來檢驗電子的波動性。

1927 年，戴維森和革末用電子束單晶繞射法、G. P·湯姆森用多晶金屬箔薄膜透射法，發現了電子繞射現象（見圖 6-1），證實了物質波的存在，而且用德布羅意關係式計算的波長與實驗測量結果一致。戴維森和 G. P·湯姆森共同獲得了 1937 年的諾貝爾物理學獎。

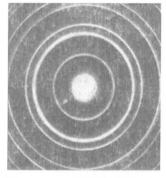

圖 6-1　G.P·湯姆森的電子繞射圖像（樣品為金箔）

順便提一句，G. P·湯姆森是電子發現者 J.J·湯姆森的兒子。1897 年，J.J·湯姆森測定了電子的荷質比，從而確定了電子是一種基本粒子，並因此獲 1906 年的諾貝爾物理學獎。父子均獲諾貝爾獎，而且父親因發現電子是一種粒子而

獲獎，兒子卻因發現電子是一種波而獲獎，這在科學史上真是一段傳奇佳話。

此後，人們相繼採用中子、質子、氫原子和氦原子等粒子流，同樣觀察到繞射現象，充分證實了所有實物粒子都具有波粒二象性，而不僅限於電子。

6.3 實物粒子的雙狹縫干涉實驗

楊氏雙狹縫干涉實驗，是證明粒子具有波動性的最直觀實驗。但是對於實物粒子來說，由於波長很短，所以需要很窄的狹縫，而要將狹縫做得非常精細很困難。

直到 1961 年，才由德國的約恩松成功完成了這個實驗。他在銅箔上刻出長 50μm，寬 0.3μm，間距 1μm 的狹縫，採用 50kV 的加速電壓，使電子束分別通過單狹縫、雙狹縫（見圖 6-2）、三狹縫、四狹縫和五狹縫，得到了單狹縫繞射和多狹縫干涉圖案。從圖 6-3 中可以看出，單狹縫繞射圖案具有較寬的中央亮條紋和兩側相對較弱較窄的亮條紋，而多狹縫干涉圖案則都是明暗相間的條紋。

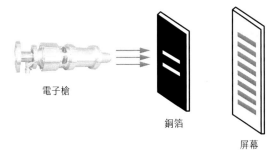

電子槍

銅箔

屏幕

圖 6-2 電子雙狹縫干涉實驗示意圖

繼電子的雙狹縫干涉實驗後，許多其他實物粒子的雙狹縫干涉

實驗也成功。

1988 年，奧地利科學家以中子做了楊氏雙狹縫干涉實驗，結果十分清楚地顯示出「中子波」的干涉圖案。

1991 年，德國科學家把一束氦原子流，射向刻在金箔上的兩條 $1\mu m$ 寬的狹縫，在狹縫後觀測到了原子的干涉現象。

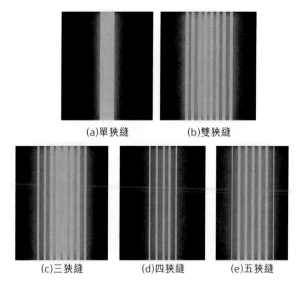

(a)單狹縫　　　　(b)雙狹縫

(c)三狹縫　　　(d)四狹縫　　　(e)五狹縫

圖 6-3 約恩松的電子單狹縫繞射和多狹縫干涉實驗圖像

1994 年觀測到了碘分子 I_2 的雙狹縫干涉現象，1995 年觀測到了鈉的雙原子分子（Na_2 分子）的雙狹縫干涉現象。1999 年，用更複雜的分子富勒烯 C_{60} 和 C_{70} 做出了這個實驗，C_{60} 和 C_{70} 是由 60 個或 70 個碳原子組成的類似於足球的分子。

2012 年，一個由奧地利維也納大學、以色列臺拉維夫大學等機構研究員組成的國際小組，成功地觀察到了超大分子的干涉現象。實驗中使用了兩種分子，一種是酞菁染料分子 PcH_2，分子式

$C_{32}H_{18}N_8$，相對分子量 514，原子數 58，分子結構見圖 6-4；另一種是酞菁染料衍生物分子 $F_{24}PcH_2$，分子式 $C_{48}H_{26}F_{24}N_8O_8$，相對分子量 1298，原子數 114。

圖 6-4　酞菁染料分子 PcH2 結構示意圖

　　光柵用 10nm 厚的氮化矽薄膜製成。PcH_2 使用的光柵縫隙寬 50nm，間距 50nm；$F_{24}PcH_2$ 使用的光柵縫隙寬 75nm，間距 25nm。實驗中所用的廣域螢光顯微鏡空間解析度達到 10nm，能顯示出每個分子的位置和確定的整體相干圖案。結果顯示，這兩種分子都具有清晰的干涉圖案，圖 6-5 所示為 PcH_2 分子的干涉圖像。

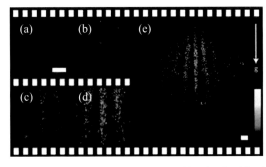

(a) 0 min; (b) 2 min; (c) 20 min; (d) 40 min; (e) 90 min
圖 6-5　PcH2 酞菁染料分子的干涉圖像

　　光子、電子、中子、原子、分子、大分子、超大分子，顯然，

上述實驗意味著所有物質都具有波粒二象性。波粒二象性是物質的內稟屬性，適用於所有物質！這真是太不可思議了！難道網球、籃球、人、汽車……都有波粒二象性？是的，都有，只是我們宏觀物質的波長實在太小了，小到我們永遠也無法觀察到自身的波動性。看看下面的例子，簡單算一算就知道。

　　例 1：電子，質量 9.11×10^{-28}g，運動速度 10^6m/s。

　　　　　波長 7×10^{-10}m。

　　例 2：沙子，質量 0.01g，運動速度 1 m/s。

　　　　　波長 7×10^{-29}m。

　　例 3：石子，質量 100g，運動速度 10 m/s。

　　　　　波長 7×10^{-34}m。

　　總之，質量越大，運動速度越大，那麼波長就越短，越難觀察到波動性。也幸而如此，我們走路才能穩定地前進，而不是像醉漢一樣搖搖晃晃。也許有人要追根問底：地球、太陽有波粒二象性嗎？應該有吧。宇宙呢？呃，我也不知道了……總之，即使所有物體都有波粒二象性，但超過一定限度，其波動性就由於波長過短而無法顯示出來了，於是，就有了我們熟悉的古典世界。

　　正如狄拉克在 1930 年出版的經典教科書《量子力學原理》中所言：

　　「古典傳統把世界看作是按照力的確定性法則運動、一些可觀察物的一個聯合體，因此一個人能夠在時間和空間上形成整個體系的思維圖景。這產生了一種物理學，其目標是假設機械論以及與這些可觀察物有關的力，用最簡單的可能方式解釋它們的行為。可是，自然界是以一種完全不同的方式在運作，最近幾年來這一點已變得很明顯。它

的基本法則並不是以我們的思維圖景中的任何一種直接方式統治這個世界，而是控制著這樣一種基礎，在其中我們若不引入細節問題，就不能形成思維圖景。」

6.4 物質波的應用

還有人問：實物粒子雖然有波粒二象性，但它們的波長那麼短，有什麼作用呢？你可千萬別小看它，波長越短越有用，比如使用物質波的穿透式電子顯微鏡（transmission electron microscope，TEM，見圖 6-6）放大倍數可達到上百萬倍，為我們打開了微觀世界的大門。

電子顯微鏡與光學顯微鏡的成像原理基本上一樣，不同的是電子顯微鏡是用電子束作「光源」，用電磁場作透鏡，而現代電子顯微鏡中使用的都是磁透鏡，這些透鏡具有與光學透鏡類似的功能，可以折射電子束，從而有放大功能。

對於磁透鏡來說，其焦距就完全取決於磁場的強弱。磁場強，則焦距短，放大倍數大；磁場弱，則焦距長，放大倍數小。因此，TEM 可以隨心所欲地觀察到各種倍率的圖像。對比而言，光學顯微鏡中的各級透鏡焦距完全固定，如果想改變光學顯微鏡的放大倍率，只能更換透鏡。

顯微鏡的解析度與照射光的波長成正比，可見光的波長範圍為 $400 \sim 700\text{nm}$，所以光學顯微鏡的解析度極限約 200nm，更小的東西就看不到了。而電子顯微鏡的「光源」是電子束，高速電子的波長比可見光的波長短得多，可以小到可見光波長的百萬分之一。大型透無線電鏡一般採用 $80 \sim 300\text{kV}$ 的電壓加速電子束，其解析度可達 $0.1 \sim 0.2\text{nm}$。圖 6-7 所示為用 TEM 觀測矽晶體（110）晶面

得到的矽原子排列影像。

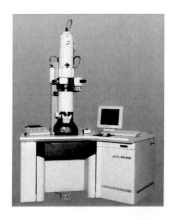

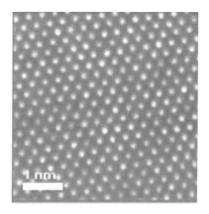

圖 6-6 穿透式電子顯微鏡
　　　（TEM）

圖 6-7 矽晶體（110）晶面的矽原子
　　　排列 TEM 影像

量子力學的建立

1925 年，蘇黎世大學物理系主任德拜，聽說了德布羅意關於實物粒子波粒二象性的理論，他知道本系教授薛丁格當時在研究量子理論，就請他為大家報告。薛丁格仔細研讀了德布羅意的論文後，在 11 月 23 日的物理研討會上發表了一個清晰漂亮的報告。但是在聽了薛丁格的報告之後，德拜卻不屑地評論道：「討論波動卻沒有一個波動方程式，太幼稚了。」

▌7.1 薛丁格的波動力學

言者無心，聽者有意。薛丁格對德布羅意的工作很感興趣，在德拜這句話的啟示下，薛丁格開始研究這個問題。憑藉他深厚的微分功底，幾個星期後，薛丁格就建立起實物粒子的波動方程式。

薛丁格在 1926 年 1 月底發表了第一篇有關波動力學的論文。在這篇論文中，他不但推導出了波動方程式，還將這一理論應用於氫原子。而這第一次應用就引起了物理學界的重視，因為量子化在此成了自然而然的結果，而不是人為的硬性規定。後來幾個月，薛丁格又連續發表了三篇論文，完善了波動力學體系。

薛丁格的論文發表後，歐洲物理學界為之一震。1926 年 4 月，普朗克寫信給薛丁格說：「我像個好奇的兒童聽人講解自己久久苦思的謎語，聚精會神地拜讀您的論文，並為我眼前展現的美麗感到高興。」愛因斯坦也認為「薛丁格論文的構思證實了真正的獨創性」。

波動力學的核心，就是今天眾所周知的薛丁格方程式。氫原子是能夠精確求解其薛丁格方程式的原子，正是從氫原子身上，薛丁格揭開了原子中電子結構的奧祕。透過求解氫原子的薛丁格方程式，自然而然地就得到了原子能量量子化的結論。求解結果精確地定位了氫原子中電子的不同能階，根據電子在不同能階間的躍遷計算所得的光譜頻率，與原子光譜實驗的測定值十分吻合，從而證明了薛丁格方程式的正確性。而且求解薛丁格方程式得到的氫原子波函數可以解釋許多化學問題。現在，薛丁格方程式已經成為研究原子結構必不可少的工具。

波動力學建立在幾個量子力學假設之上，其核心就是薛丁格方程式：

$$\hat{H}\psi = \frac{ih}{2\pi}\frac{\partial \psi}{\partial t}$$

如果不考慮時間的影響，則稱為定態，於是上式可變為定態薛丁格方程式：

$$\hat{H}\psi = E\psi$$

$\hat{H}$稱為哈密頓算符，是一個與體系能量有關的算符，不同體系的算符不同；E 為體系能量，ψ 是波函數。

波函數也是薛丁格提出的一個假設，即微觀體系的任一狀態都可用座標波函數 $\psi(x,y,z,t)$ 描述，不含時間的波函數 $\psi(x,y,z)$ 稱為定態波函數。

這個方程式看起來簡單，實際上是一個微分方程式，哈密頓算符在絕大多數情況下比較複雜。對於一個具體的量子體系，只要寫出哈密頓算符，就能從薛丁格方程式解出波函數 ψ 和能量 E，也可以進一步求解其他物理量，這樣就能了解這個體系的物理狀態了。

埃爾溫·薛丁格（Erwin Schrödinger, 1887—1961 年），奧地利理論物理學家，量子力學的奠基人之一。1906 年，薛丁格進入維也納大學（歐洲最古老的學府之一，成立於 1365 年）學習物理與數學，1910 年取得物理學博士學位，此後在維也納物理研究所工作。1913 年，他與 R.W.F·科爾勞施合寫了關於大氣中釙含量測定的實驗物理論文，為此獲得了奧地利帝國科學院的海廷格獎金。第一次世界大戰期間，薛丁格服役於一個偏僻的砲兵要塞，利用閒暇研究理論物理學。1921 年，薛丁格受聘於瑞士蘇黎世大學任數學物理教授。1926 年 1 月到 6 月，他一連發表了四篇論文，題目都是〈量子化就是特徵值問題〉，建立了量子力學的系統波動力學理論。他在 1944 年出版的名著《生命是什麼》，對分子生物學也有非常深遠的影響。

▌7.2 機率構成的物質波

說起來也許有點好笑，雖然波動力學成功解釋了氫原子結構，但薛丁格居然無法解釋波函數的物理意義。幸好德國同行很快就為他解了圍，玻恩提出了一個可以理解的詮釋，他認為物質波並不像古典波一樣代表實在的波動，只不過是指粒子在空間的出現符合統計規律：

「我們不能肯定粒子在某一時刻一定在什麼地方，我們只能知道這個粒子在某時某處出現的機率，因此物質波是機率波，物質波在某地的強度，與在該處找到粒子的機率成正比。」

說得再詳細一點：波函數 $\psi(x,y,z,t)$ 是一種機率振幅，波函數的模平方 $|\psi|^2$ 代表時刻 t 在空間 (x,y,z) 點發現粒子的機率密度。其中，如果波函數 ψ 是複數，則模平方就是 ψ 與它的共軛函數 ψ^* 的乘積，即 $|\psi|^2=\psi\psi^*$；如果波函數 ψ 是實數，則模平方就是 ψ 本身的平方，$|\psi|^2=\psi^2$。

機率密度和機率不同，它是單位體積內粒子出現的機率。要想知道粒子出現的機率，需要乘以體積，$|\psi|^2d\tau$ 是時刻 t 在空間 (x,y,z) 點附近微體積單位 $d\tau$ 內發現粒子的機率。把 $|\psi|^2d\tau$ 在某一範圍內積分，就能算出此範圍內粒子出現的機率。

如此，機率作為一種基本法則進入物理學，德布羅意的物質波被認為是一種機率波，波函數只允許計算在某個位置找到某個粒子的機率。觀察測量只能預測某一結果的機率，卻不能預測一定會得到什麼結果。

波函數、機率密度的概念不僅在物理學上意義重大，也大力推動化學由純經驗學科向理論學科發展。現代化學中廣泛使用的原子軌域、分子軌域，就是描述原子、分子中電子運動的單電子波函

數,而「電子雲」就是相應的機率密度。

玻恩的解釋很成功,得到了普遍的承認,他也因此獲得了1954年的諾貝爾物理學獎。愛因斯坦在此也間接地影響玻恩。玻恩在回憶自己是怎樣想出這一詮釋時寫道:

「愛因斯坦的觀點又一次引導了我。他曾經把光波振幅的模平方,解釋為光子出現的機率密度,使我們能理解光的波粒二象性。這個觀念馬上可以推廣到波函數上:波函數的模平方必須是電子(或其他粒子)出現的機率密度。」

愛因斯坦真是無處不在!

馬克斯·玻恩(Max Born, 1882—1970年),德國猶太裔理論物理學家,量子力學的奠基人之一。1901年起,玻恩先後在弗次瓦夫、海德堡、蘇黎世和哥廷根等各所大學學習,先是法律和倫理學,後是數學、物理和天文學,並於1907年獲得博士學位。1921年,玻恩被聘為哥廷根大學物理實驗室主任和教授。1925年至1926年,玻恩與海森堡、包立和約旦一起建立了矩陣力學的大部分理論。1926年,玻恩又以機率詮釋波動力學的波函數,後來成為著名的「哥本哈根詮釋」。

玻恩早期的興趣集中在晶格上,1925年他寫了一本關於晶體理論的書,開創了一門新學科——晶格動力學。1954年和中國著名物理學家黃昆合著的《晶格動力學理論》一書,被國際學術界譽為該理論的經典權威著作。

7.3 波耳的對應原理

實際上,最早出現的量子力學理論,是波耳的量子論,然後是矩陣力學,最後才是波動力學,雖然它只比矩陣力學晚幾個月而已。波耳的量子論雖然最早出現,但很不完善,所以現在稱為舊量子論,矩陣力學和波動力學則是在舊量子論的啟發下發展的新量子理論。

1913 年，波耳提出了關於氫原子模型的軌域能階量子化、電子角動量量子化以及能階躍遷假設，成功建立了氫原子結構理論，解釋了氫原子的發射譜線，奠定了原子結構的量子理論基礎。

波耳在氫原子理論的建立過程中，提出了著名的「對應原理」。對應原理是關於量子物理與古典物理之間對應關係的原則，其核心思想如下：

有關量子的各種規則雖然適用於微觀尺度，但是從這些規則中得出的任何結論，都不得違背宏觀尺度上的觀察結果，而宏觀尺度則是遵循古典物理學規則，即把微觀範圍內的量子規律拓展到宏觀範圍內的古典規律時，它們得到的結果應當一致。具體來說，在大量子數的極限情況下，或者說在普朗克常數可以近似為 0 的情況下，量子體系的行為將漸近地趨於古典力學體系，量子物理的定律和方程式可以轉化為古典物理學的定律和方程式。

古典理論和非古典理論的對應關係是一種普遍原理，它揭示了不同範圍內不同理論之間的過渡關係。根據這一原理，量子力學拓展到宏觀尺度上，應該近似古典物理學，就如相對論在低速度、小尺度範圍內近似古典物理學一樣。

正是波耳的這一原理，在古典力學與早期的量子力學中架設了一座橋梁，它的影響是如此深刻，以至於有人把 1923 年之前的量子力學稱為「對應原理的量子力學」，海森堡也是基於這一原理建立起矩陣力學。

▍7.4 海森堡的矩陣力學

在波耳的舊量子論中，原子能階量子化是人為假設，這樣量子

化就顯得很突兀，而且電子的圓形或橢圓形軌域也存在很多問題。物理學家一直在尋找避免出現這樣特定假設的新量子理論。

1925 年 7 月，海森堡提出了矩陣力學的思維，他的理論建立在兩個方法論上：波耳的「對應原理」和「可觀察性原則」。

可觀察性原則，要求理論上應該拋棄那些原則上不可觀測的量，而直接採用可以觀測的量來建立理論。對於原子結構這個微觀系統，海森堡對波耳的舊量子論提出懷疑：

「電子在原子中的軌域無法被觀察……電子的週期性軌域可能根本就不存在，直接觀測到的不過是分立的定態能量和譜線強度，也許還有相應的振幅與相位，但絕不是電子軌域。唯一的出路是建立新型力學，以分立的定態概念為基礎，而電子軌域概念看起來應當被拋棄。」

隨後幾個月，海森堡和玻恩、約爾旦等人以數學手段，嚴格表述矩陣力學，奠定了矩陣力學的基礎。

與此同時，英國物理學家狄拉克也在研究海森堡的思想。他首先想到，應當把海森堡的表述，改造為適合狹義相對論的形式；很快，他又發現矩陣力學中的對易關係，與古典力學中的帕松括號（帕松求解哈密頓－雅可比方程式時所用的一種數學符號）相當。於是，狄拉克在 1925 年 11 月完成的〈量子力學基本方程式〉一文中，利用帕松括號和對應原理，簡明地轉換了古典力學方程式與量子力學方程式，至此，矩陣力學真正建立。1926 年，包立用矩陣力學解釋了氫原子光譜。

維爾納·海森堡（Werner Heisenberg, 1901—1976 年），德國物理學家，量子力學的主要創始人，「哥本哈根學派」的代表人物之一。海森堡很有數學天分，12 歲就開始學習微積分。1920 年，他進入慕尼黑大學師從阿諾·索末菲研究原子物理，並與包立成為同學。1923 年，海森堡寫出題為〈關於流體流動的穩定和湍流〉的博士論文，雖然答辯差點不及格，不過最後還是取得了博士學位。畢業後海森堡被玻恩私人出資，聘請為哥廷根大學助教。1924 年 9 月到 1925 年 5 月，他到波耳的研究所，與波耳合作研究量子理論。1925 年 7 月，海森堡提出了矩陣力學的主幹，並在玻恩的幫助下，運用矩陣方法建立了一套嚴密的數學理論；11 月，海森堡與玻恩和數學家約爾旦合作，發表論文〈關於運動學和力學關係的量子論的重新解釋〉，創立了矩陣力學。1927 年，他提出了在量子力學裡具有重大意義的測不準原理，1942 年又提出了 S 矩陣理論。海森堡的《量子論的物理學基礎》，是量子力學領域的一部經典著作。

▌7.5　量子力學正式建立

如此，1926 年就出現了量子力學的兩種數學表現形式——矩陣力學與波動力學。雖然這兩個理論對實驗的預測相同，但它們本身卻看起來完全不同。它們從完全不同的物理假設出發，使用完全不同的數學方法，而且彼此似乎毫無關係，到底哪一個才是對的？

一開始，薛丁格和海森堡都排斥對方的理論。薛丁格在他的一篇波動力學論文中聲明：

「我跟海森堡絕對沒有任何繼承關係。我自然知道他的理論，但那超常得令我難以接受的數學，以及缺乏直觀性，都使我望而卻步，或者說排斥它。」

海森堡則在向包立報告時，說他發現薛丁格理論「令人厭惡」，可見兩人都希望自己的理論能獨占鰲頭。

　　但是，兩種看起來完全不同的理論都能解釋相同的實驗現象，這實在是令人費解。幸好經過短暫的交鋒後，1926 年，薛丁格證明這兩種理論在數學上等價，任何波動力學方程式都可變換為一個相應的矩陣力學方程式，反之亦然。這一發現終於化干戈為玉帛，此後兩大理論便統稱為量子力學。

　　波動力學與矩陣力學都是以微粒的波粒二象性為基礎，透過與古典物理對比，運用不同的數學手段建立。

　　1926 年，玻恩和維納將算符引入量子力學。爾後，狄拉克運用數學變換理論，統一波動力學和矩陣力學，使其成為一個概念完整、邏輯清楚的理論體系。

　　1928 年，狄拉克又把相對論引進量子力學，修正了量子力學的一系列方程式，建立了電子相對論形式的運動方程式，也就是著名的狄拉克方程式，這個方程式後來發展成為相對論量子力學的基礎（對於運動速度接近光速的粒子，應當使用相對論量子力學）。量子論與相對論經過狄拉克的這一結合，自然地衍生出了電子自旋，並論證了電子磁矩（Magnetic moment）的存在。

　　不久人們就發現，優美的狄拉克方程式蘊涵了種種驚奇，狄拉克在推導方程式時未曾想到的許多問題，使這個方程式成為現代物理學的基石之一，標誌著量子理論新紀元的到來。

　　1930 年，狄拉克出版了著作《量子力學原理》，這是物理史上重要的里程碑，被譽為現代物理學的《聖經》，至今仍是量子力學的經典教材。

　　1932 年，海森堡獲諾貝爾物理學獎；1933 年，薛丁格與狄拉克共享諾貝爾物理學獎。

保羅·狄拉克（Paul Dirac, 1902—1984 年），英國理論物理學家，量子力學的創始人之一。狄拉克從小表現出數學天賦，中學時就學習了微積分、非歐幾里得幾何等內容，16 歲考入大學，三年後取得工科學士學位，然後又用兩年時間獲得了數學學士學位。1923 年狄拉克進入劍橋大學，研究量子力學的數學和理論，1925 年開始研究矩陣力學，1926 年發表題為《量子力學》的論文，獲物理學博士學位，然後到哥本哈根理論物理研究所，在著名物理學家波耳門下進行半年的博士後研究。1926 年，他與費米各自獨立發現了與帶半整數自旋全同粒子（identical particles）系統的波函數對稱性質相聯繫的量子統計法則，即費米－狄拉克統計。1928 年，他把狹義相對論引進薛丁格方程式，創立了相對論性質的波動方程式——狄拉克方程式，統一相對論和量子論，並在此基礎上，於 1930 年提出了關於真空的「洞穴理論」，預言了第一種反物質——正電子的存在。1930 年，狄拉克出版了量子力學的經典教材《量子力學原理》。1931 年，他又預言了磁單極子（Magnetic monopole）的存在。另外，他也奠基了量子場論，尤其是量子電動力學。包立曾說過：「狄拉克就是上帝的預言家。」

▌7.6 機率論與決定論的爭論：上帝擲骰子嗎？

　　波動力學和矩陣力學雖然等價，但由於矩陣力學非常抽象，數學處理更為複雜，缺乏直觀性，而波動力學則建立在理論物理常用的數學方法上，物理圖像也比較容易理解，所以大多數人還是習慣於使用波動力學，儘管實際上薛丁格方程式的求解也很複雜。

　　玻恩的機率波，統一了物質的波粒二象性，這樣，微粒的運動狀態不再遵從「決定論」或嚴格的「因果律」，而是服從一種不確定的統計性規律。機率波的建立，使人們又顛覆了對原子微觀結構的認識，並經受了無數次實驗的考驗。

　　然而，並非所有人都滿意這個解釋，讓我們看看愛因斯坦的觀點。

愛因斯坦 1926 年 12 月 4 日寫給玻恩的信中說道：

「量子力學固然很莊嚴，可是有一種內在的聲音告訴我，它還不是真實的東西。這理論說得很多，但一點也沒有讓我更真正接近這個『惡魔』的祕密。無論如何，我深信上帝不是在擲骰子。」

1927 年 10 月，在比利時的布魯塞爾召開第五次索爾維會議，這可能是歷史上匯聚世界上最多最著名物理學家的會議了。此次會議的主題為「電子和光子」，這些科學巨人齊聚一堂，開始討論、爭論剛剛建立的量子力學。

就是在這次會議上，反對機率論的愛因斯坦當眾拋出那句名言：

"God does not play dice." （上帝不會擲骰子。）

而機率論的堅定擁護者波耳的回答是：

"Einstein, stop telling God what to do." （愛因斯坦，別告訴上帝應該怎麼做。）

愛因斯坦和波耳的論戰，是雙方陣營領軍人之間的對決，我們將在第 15 章中詳述。終其一生，愛因斯坦也不相信上帝在擲骰子，海森堡在《量子論歷史中概念的發展》中寫道：

「1954 年，愛因斯坦去世前幾個月，他跟我討論了一下這個問題。那是我同愛因斯坦度過的一個愉快下午，但一談到量子力學的詮釋時，仍然是他不能說服我，我也不能說服他。他總是說：是的，我承認，凡是能用量子力學計算出結果的實驗，都是如你所說的那樣出現，然而這樣的方案不可能是自然界的最終描述。」

除了愛因斯坦，狄拉克也對決定論抱著希望。狄拉克於 1975 年 8 月 15 日，在澳洲雪梨新南威爾斯大學的演講《量子力學的發

展》中說：

「以愛因斯坦為首的一些物理學家認為：從根本上說，物理學應當是決定論，而不應當只有機率，然而波耳接受了機率的解釋，並且他們能夠使這種機率解釋，與他的哲學一致，這就引起了波耳學派和愛因斯坦學派之間的一場大爭論，這場爭論一直貫穿愛因斯坦的一生。他們兩人都是非常傑出的物理學家，問題是：他們誰是正確的？根據公認的標準原子理論概念，似乎波耳是正確的……不過愛因斯坦仍然有道理。他相信，正如他所說『上帝不會擲骰子』，他認為物理學根本上應當具有決定論的特徵。我認為也許結果最終會證明愛因斯坦的正確，因為不應認為量子力學現在的形式就是最後的形式。關於現在的量子力學，存在一些很大的困難……我認為很可能在將來，我們會得到一個修正過的量子力學，使其回到決定論，從而證明愛因斯坦觀點是正確的。

假如我們不將量子理論推廣得太遠，即不把它用於能量非常高的粒子，也不把它用於非常小的距離，那麼現在的量子理論很好。但當我們試圖把它推廣到高能粒子和極小距離時，我們得到的方程式就沒有合理的解，交互作用總是導致無窮大的出現，這個問題使物理學家困惑了四十年，仍沒有任何實質性的進展。

正是由於這些困難，我認為量子力學的基礎還沒正確地建立。在當前這個基礎上的研究，已做了極大量的應用工作，在這方面，人們能夠找出拋棄無窮大的一些規則，然而即使根據這些規則得出的結果與觀測符合，畢竟是人為的規則。因此關於現在的量子力學基礎是正確的說法，我不能接受。」

持決定論的物理學家認為，目前量子理論之所以是一個機率統計理論，是因為還存在著尚未發現的隱藏變量（簡稱為「隱變量」），如果能找出這些隱變量，加入量子力學的方程式裡，就可以「精確」的描述微粒的運動狀態，而不只是「機率」性的描述。從上文我們看到，愛因斯坦就持這種觀點，他認為量子論還存在一

個深層次、非機率層面的待挖掘處，所以說出了那句名言「上帝不會擲骰子」。

作為量子理論發展史上的一個分支，我們將在第 12 章介紹隱變量理論，但隱變量理論至少在目前看來不正確，因為人們已經以實驗證明了，量子力學產生的結論只能是機率性，並不存在某些能夠減少這種不確定性、尚未被人們發現的量，量子論從本質上說就是機率性。

1 Chapter
2 Chapter
3 Chapter
4 Chapter
5 Chapter
6 Chapter
7 Chapter
8 Chapter
9 Chapter
10 Chapter

量子的星際漂流
從打臉牛頓開始

Chapter **8**

Chapter **1**

Chapter **2**

Chapter **3**

Chapter **4**

Chapter **5**

Chapter **6**

Chapter **7**

單一粒子的波粒二象性

現在我們已了解波粒二象性的普遍性，如果還想深入了解波粒二象性的特點，那麼研究楊氏雙狹縫干涉實驗是再好不過了。楊氏雙狹縫干涉實驗是一個很重要的實驗，也是一個最不可思議的實驗，能圓滿揭示波粒二象性的本質。量子力學大師費曼曾說過：「量子力學的一切，都可以從這個簡單實驗的思考中得到。」

你可能會說，也不過如此，不就是一堆粒子通過狹縫時互相干涉，從而產生明暗相間的條紋嗎？有什麼好大驚小怪？

8.1 單一電子的雙狹縫干涉實驗

　　一堆粒子相互干涉？這也許是不少人的想法。人們對波粒二象性有一種普遍的誤解：單一粒子表現出粒子性，而大量粒子表現出波動性。為什麼會這麼想呢？因為在古典波動學中，波的干涉必須是兩列波並進，相互影響，波峰和波峰疊加形成亮條紋，波峰和波谷疊加形成暗條紋，例如圖 8-1 所示的水波干涉。如此看來，有人就會說：干涉是兩列波相互影響的結果，所以粒子間的干涉也需要粒子間相互影響，如果只有一個粒子，就沒辦法干涉。

　　等等，千萬不要這麼理所當然！科學不是靠想像，而要靠實驗。現在我們來做電子的雙狹縫干涉實驗，不過這一次，把電子槍的發射強度調到最低，一次只發射一個電子，看看這個電子會落在什麼位置。

　　有人會說，一個電子，兩道狹縫？嗯，那肯定是落在其中一道狹縫後面的繞射位置，因為日常經驗告訴我們，電子要嘛穿過其中一道狹縫，要嘛穿過另一道狹縫，一道狹縫只能造成單狹縫繞射結果，難道會落在雙狹縫干涉位置嗎？

圖 8-1　水波的古典波動性，源自雙狹縫的水波一圈圈向外擴展，有些地方波動增強，有些地方波動減弱

沒錯！它確實會落在雙狹縫干涉位置！日常經驗是錯的，因為日常生活中我們體會不到波動性，我們看到的粒子是古典力學中的粒子；而到了量子世界中，當波動性不可忽略時，粒子的運動就變得撲朔迷離。

我們可以讓電子一個一個發射出去，等前一個電子落在屏幕上，再發射下一個電子。你會看到，每一個電子的落點似乎都是隨機、雜亂無章，但是不久你就會看出規律，因為屏幕上居然慢慢出現了干涉條紋，最後，明暗相間的干涉條紋越來越清晰地顯現。干涉條紋竟然是由一個一個獨立發射出去的電子落點所組成！也就是說，單一電子也會發生干涉，只要前面有兩道狹縫。

圖 8-2 顯示了這個實驗的具體細節。電子是自己與自己干涉嗎？也許吧，誰能說清楚呢？不論是一堆一堆發射，還是一個一個發射，干涉條紋都一樣！

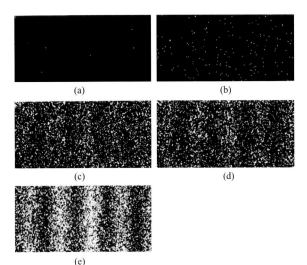

(a)

(b)

(c)

(d)

(e)

各圖片所涉及的電子數依次約為 7, 100, 3000, 20000 和 70000

圖 8-2 雙狹縫實驗中，一束電子形成的干涉條紋的照片

光子以及其他粒子的實驗現象與電子一樣，它們的干涉條紋也都是由一個一個獨立粒子的落點組成。比如第 6 章中 PcH_2 酞菁染料分子干涉圖像（圖 6-5）就是這樣獲得。

上述實驗表明，單一粒子也能表現出波動性，波粒二象性是一種整體性質！

8.2 機率波與機率幅

也許，我們下意識會為電子在這個實驗中的運動，想像出一條運動軌跡，就像我們經常看到的宏觀粒子運動軌跡一樣（比如說子彈出膛或足球射門）。但我敢說：你的想像絕對是錯誤的，古典的軌跡與此處的運動有天壤之別！

我們可以看看古典的粒子在雙狹縫實驗中會有什麼表現：假設用一把手槍射擊，前面鋼板上有兩道縫，鋼板後有一塊木板，而且在一顆子彈打到木板上後，才發射下一發子彈。

你可以先打開縫 1，關閉縫 2，射擊 10min，板 1 上會出現一片彈痕；然後你打開縫 2，關閉縫 1，射擊 10min，板 1 上又會出現一片彈痕。然後你換一塊新木板，把兩條縫都打開射擊 10min，板 2 上會出現彈痕。你把兩塊木板上的彈痕比較一下，想像一下，會有什麼發現？你會發現，彈痕分布大致是一樣的，如圖 8-3 所示。或者用數學的語言來說，雙狹縫全開時，子彈落點的機率密度 P，等於單開縫 1 時的機率密度 P_1 與單開縫 2 時的機率密度 P_2 之和，即：

$$P = P_1 + P_2$$

從打臉牛頓開始
量子的星際漂流

Chapter 1
Chapter 2
Chapter 3
Chapter 4
Chapter 5
Chapter 6
Chapter 7
8 Chapter
Chapter 9
Chapter 10

可是對於電子的雙狹縫實驗就不同了。用電子槍發射電子，等前一個電子落在屏幕上再發射下一個電子。假如先打開縫 1，關閉縫 2，發射 10min，則屏幕上會出現一片落點；然後打開縫 2，關閉縫 1，發射 10min，屏幕上又會出現一片落點。然後換一塊新屏幕，把兩條縫都打開發射 10min，屏幕上會出現落點。

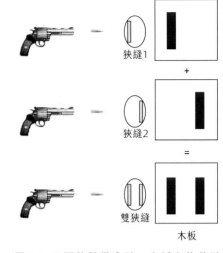

圖 8-3　子彈的雙縫實驗，木板上的落點是只開一條縫時落點的簡單加和

這時你把兩塊屏幕上的電子落點比較一下，你會發現：兩塊屏幕上的落點分布完全不同，如圖 8-4 所示。雙狹縫全開時電子落點的機率密度 P，並不等於單開縫 1 時的機率密度 P_1 與單開縫 2 時的機率密度 P_2 之和。

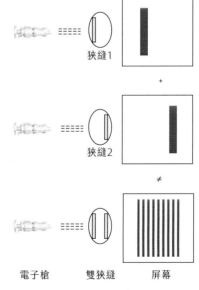

電子槍　　雙狹縫　　屏幕

圖 8-4　電子的雙狹縫實驗，屏幕上的落點並非只開一條縫時落點的簡單加和，而是出現了干涉圖案

在對古典波的研究中，已經獲得了關於干涉的數學公式。比如兩列水波干涉時，兩列初始波的振幅發生疊加形成的新的振幅為：

$$\psi = \psi_1 + \psi_2$$

ψ_1 與 ψ_2 是兩列初始波的振幅，ψ 是干涉波的振幅。

波的強度正比於振幅的模平方，則有：

$$I = |\psi|^2 = |\psi_1 + \psi_2|^2 = I_1 + I_2 + 2\sqrt{I_1 I_2}\cos\theta$$

I_1 與 I_2 是兩列初始波的強度，θ 是 ψ_1 與 ψ_2 的相位差，I 是干涉波的強度。

當 $I_1 = I_2$ 時，根據相位差 θ 的不同，波強最強處 $I_{max} = 4I_1$（比如 $\theta = 0°$時），波強最弱處 $I_{min} = 0$（比如 $\theta = 180°$時）。也就是說，波強最強處變為原來的 4 倍，波強最弱處為 0。

我們對光的波粒二象性比較容易理解，因為我們已經接受了光是電磁波的概念。可以證明，對於通過雙狹縫的兩列光波，每列光波都可以用振幅和相位來表示。而且干涉的光強公式和上式一樣。兩個波峰疊加的地方，振幅變為原來的 2 倍，光強（即光子密度）變為原來的 4 倍；波峰和波谷相遇則會相互抵消，光強為零。

電子的波粒二象性與光類似。電子雙狹縫干涉圖案中的強度，對應於電子密度（屏幕上某一區域每秒每平方公尺落的電子數）。每個電子經過雙狹縫到達屏幕後形成一個點，最終大量的點組成干涉圖案。將電子雙狹縫干涉圖案中的強度，和單狹縫繞射圖案中的強度比較，會發現雙狹縫的強度是單狹縫的 4 倍，這說明確實存在「電子波」。

關鍵是，電子的干涉圖案，是電子在屏幕上的落點構成的圖

案，可以稱之為「機率波」。於是，「電子波」的振幅就是讓人難以理解的「機率振幅」，簡稱「機率幅」；更令人驚訝的是，薛丁格方程式裡的波函數就是「機率幅」（參見 7.2 節）。費曼曾說過：「機率幅幾近不可思議，迄今尚無人識破其內涵。」

雙狹縫全開時，電子波的機率振幅 ψ，等於單開縫 1 時的機率振幅 ψ_1 與單開縫 2 時的機率振幅 ψ_2 之和，即：

$$\psi = \psi_1 + \psi_2$$

電子落點的機率密度正比於波函數的模平方，則：

$$P = \left|\psi\right|^2 = \left|\psi_1 + \psi_2\right|^2 = P_1 + P_2 + 2\sqrt{P_1 P_2}\cos\theta$$

θ 是 ψ_1 與 ψ_2 的相位差。

這裡的數學處理竟然和水波的情形一樣！

對於光來說，光的干涉條紋強度，由電磁波和機率波理論計算都一樣，你既可以把它看作電磁波，又可以看作是一種機率波。光在古典物理學中是電磁波，而在量子物理中又是機率波，這又該如何理解呢？二者是否具有統一性？

總而言之，光子、電子、中子、原子、分子、大分子、超大分子……它們不論是一堆一堆發射，還是一個一個發射，只要通過合適寬度的雙狹縫打到屏幕上，機率分布就呈現和波一樣的干涉現象，雖然它們看起來是以粒子的方式打上去。

從這個意義上來說，它們的行為「有時像粒子，有時像波，但卻既不是粒子，也不是波」。你可能會覺得這真是不可思議，它就是這麼不可思議！

8.3 觀察電子的軌跡

在慢速發射電子的雙狹縫實驗中，要注意：後一個電子是在前一個電子打在屏幕上後才發射，也就是說，在發射槍和屏幕之間每次只有一個電子在運動。但不可思議的是，這個電子似乎可以「看見」前面有幾條縫，從而決定自己是落在單狹縫繞射位置，還是雙狹縫干涉位置！只要兩條縫都打開，它就落在雙狹縫干涉位置，如果閉合一條縫，它就落在單狹縫繞射位置。

這個電子是怎麼知道前面有幾條縫呢？兩條縫都打開時，它到底是通過哪條縫隙到達屏幕？

好吧，讓我們想想辦法，看能不能找到電子到底是從哪條縫隙穿過去。如果發現了它的運動軌跡，也許就能發現其中的奧妙。

物理學家想到了一個辦法：在雙狹縫後面緊貼一個光源（如圖8-5 所示），因為電子會散射光，於是當電子從某一條縫飛出來時，它散射的光子會被光子探測器捕捉，從而可以斷定電子從哪條縫通過。假如電子從縫 1 穿過，我們會探測到縫 1 附近有閃光；假如電子從縫 2 穿過，則會探測到縫 2 附近有閃光；假如電子分為兩半同時從兩個縫穿過，則兩個縫都會探測到閃光。

這個實驗看起來相當完美，可結果卻讓人大吃一驚！

實驗結果是，我們能看到電子不是從縫 1 穿過，就是從縫 2 穿過，從來沒有看到分成兩半的電子。這就是說，電子始終是以

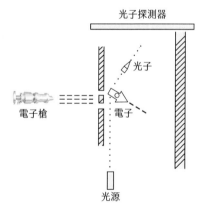

圖 8-5　觀察電子通過哪條縫的實驗示意圖

一個完整的粒子形式在運動。

你會説，這不就解決了嗎？有什麼吃驚的呢？別高興得太早，雖然我們能判斷電子的路徑，但是屏幕上的干涉條紋卻不見了！屏幕上的圖案變成了兩個單狹縫圖案的簡單疊加，而不是干涉圖案，就像用子彈做實驗一樣！

也就是説，如果我們看到電子從縫 1 穿過，它就會落到縫 1 後面的位置，如果看到電子從縫 2 穿過，它就會落到縫 2 後面的位置，干涉條紋不見了。這時候，電子跟子彈的表現一樣。

是不是光子和電子的碰撞，干擾了電子運動？肯定有干擾，但為什麼這個干擾會完全破壞干涉圖案，而不是只造成部分影響呢？

物理學家又改進實驗，逐漸減弱光強，也就是逐漸減少光子發射的密度。這時，有的電子會被光子碰撞而被觀測到，有的電子則從光源前溜過去，沒被觀測到。結果是：被觀測到的電子落在單狹縫後面的位置，而沒被觀測到的電子則仍然落在雙狹縫干涉位置！

也就是説，如果我們觀察到了電子的路徑，電子就變成了子彈；而如果我們不觀察它的話，它就還是電子，電子好像在跟我們玩捉迷藏。

▌8.4 跟人類捉迷藏的電子

有人還不甘心，懷疑是我們用的光的頻率太高、能量太大的緣故，於是就想用低頻率光來照射。因為光子能量 $E=h\nu$，動量 $p=h/\lambda=h\nu/c$，如果光的頻率足夠低，光子的能量和動量就會很小，碰撞電子時是不是就不會對電子運動造成太大的干擾？

　　來看看實驗結果吧。隨著光的頻率的降低，令人驚異的事情發生了：屏幕上又開始出現模糊的干涉圖像，可是這時由於光子頻率較低，它和電子碰撞時只能出現一團模糊的閃光，我們已經無法判斷電子是從哪道縫穿過了。當光子頻率極低時，屏幕上出現了清晰的干涉圖像，但此時被散射的光子則完全模糊，我們完全無法判斷電子是從哪條縫穿過了。也就是説，如果電子受的擾動比較小，光子受的擾動就會變大，它倆總是此消彼長，不可能同時精確測量。

　　真是令人難以置信，太不可思議了！電子就像在跟我們捉迷藏，一旦我們發現了它的路徑，它就不再顯示干涉現象，或者説，電子不會讓你看到自己是如何運動；一旦你看到了，它就會改變運動方式，只能讓人徒喚奈何！

　　還是用一首小詩來結束這一章吧：

　　形似粒子動似波，單粒亦有機率波。

　　若為粒子尋軌跡，只有徒勞嘆奈何。

量子力學正統解釋：
哥本哈根詮釋

從第 8 章的實驗中我們已經看到，如果你既想看到電子從哪道狹縫穿過，又想得到干涉圖案，那是不可能的，這是由量子力學的一條最基本的原理——測不準原理所決定，非人力所能改變。

1 Chapter
2 Chapter
3 Chapter
4 Chapter
5 Chapter
6 Chapter
7 Chapter
8 Chapter
9 Chapter
10 Chapter

▋9.1 測不準原理

測不準原理，由德國物理學家海森堡提出。他對雲室軌跡顯示電子是個粒子，但它又具有波動性而感到迷惑，因為他已經意識到，電子有固定運動軌跡的觀點是錯誤的。當時使他感到困惑的問題是：既然在量子理論中粒子沒有固定路徑，那又怎麼解釋在雲室裡觀察到的粒子軌跡呢？

後來他領悟到：雲室裡的軌跡，實際上是一連串凝結起來的小水珠，這些水珠比電子大得多，自然不可能精確地表示出古典意義下的電子路徑，它只能近似、模糊的描寫電子座標和動量。於是他開始尋找粒子座標和動量的不確定度之間的關係，以便證明雲室軌跡和量子理論沒有矛盾。

經過深入研究，他終於發現了微粒的測不準原理，這個原理更進一步揭示了波粒二象性的本質。

海森堡在 1930 年所著的《量子論的物理原理》一書中說道：

「相對論批判古典概念的出發點，是假設不存在超光速的訊號速度。同樣地，同時測量兩個不同的物理量也可以有一個精確度下限，即假設所謂不確定關係為一條自然定律，並以此作為量子論批判古典概念的出發點。」

測不準原理這樣表述：有一些成對的物理量（例如，座標與相應的動量分量、能量與時間等，它們相乘後的單位正好是普朗克常數的單位 J·s），要同時測定它們的任意精確值不可能，其中一個量被測得越精確，其共軛量（Conjugate variables）就變得越不確定。

對於 x、y、z 三個方向的座標與相應的動量分量，測不準原理的數學表達式為：

$$\Delta x \cdot \Delta p_x \geq \frac{h}{4\pi}$$

$$\Delta y \cdot \Delta p_y \geq \frac{h}{4\pi}$$

$$\Delta z \cdot \Delta p_z \geq \frac{h}{4\pi}$$

測不準原理對微粒和宏觀粒子的影響程度，可以從下面兩個例子看出來。

例 1：假設質量為 0.01kg 的子彈，運動速度 v 為 1000m/s，如果速度誤差為 1%，即 Δv=10m/s，則其位置的不確定程度 Δx=5.3×10^{-34}m。

例 2：假設電子在 x 方向的運動速度 vx 為 100000m/s，如果速度誤差為 1%，即 Δvx=1000m/s，則其位置的不確定程度 Δx=5.8×10^{-8}m。

顯然，對於電子來說，其位置不確定度，超過了原子半徑的一百倍，可以說完全無法確定其位置；而對於子彈來說，其位置不確定度完全可以忽略不計。這就是我們在宏觀體系裡可以確定粒子的運動軌跡，而在微觀體系裡運動軌跡卻失去意義的原因。

再來看雙狹縫實驗：座標與相應的動量分量不能同時確定，就是說電子的位置測量得越精確，動量就越不確定，反之亦然。如此，如果我們以足夠的精確度測出其中任意一個值，另一個值的不確定度就足以抹平干涉圖案，而失去測量意義。所以說，電子的運動軌跡無法測量。或者說，電子本來就不存在運動軌跡，因為軌跡是一個宏觀概念，一旦到了尺度極小的微觀世界，軌跡就失去了意義。

　　這不是我們無能，運動的本質就是不確定。電子槍發射電子時，初始條件都一樣，但每個電子具體會打到屏幕上哪一點，連它自己都不知道，整個運動都是不確定，唯一能做到的就是「判斷」落在屏幕上各個位置的機率，盡量朝機率高的地方飛，至於落到哪裡只能聽天由命，所以我們只能以機率的高低，判斷電子的可能落點。

▋9.2　互補原理

　　面對波粒二象性這些令人費解的實驗現象，也許我們需要換一個角度來考慮，或者說，可以從中總結出一些特點。波耳就總結出了一條原理——互補原理。

　　1927 年，波耳提出了著名的互補原理。互補原理指出，一些物理對象存在著多重屬性，這些屬性看起來似乎相互矛盾，有時候人們可以透過變換不同的觀察方法，看到物理對象的不同屬性，但原則上不可以用同一種方法同時看到這幾種屬性，儘管它們確實都存在。光的波動性和粒子性，就是互補原理中一個典型的例子。

　　海森堡在《量子論的物理原理》一書中說道：

　　「我們不應視粒子和波為兩個互為排斥的概念，而應視為互相補充的概念，意即兩個概念都是被需要，有時需用其一，有時其他，波耳稱這個看法為互補原理……一個電子以粒子狀態出現，抑或以波動狀態出現，全視我們做何觀察、測量而定。如果我們的觀察是測量它的能量及動量，則測得粒子的性質；如果我們的觀察是測量它的波長，則測得波的性質。」

　　對於波粒二象性，互補原理主張波動性和粒子性既互相排斥，又相互補充。這種雙重性質就好像同一枚硬幣的兩面，可以顯示正

量子的星際漂流
從打臉牛頓開始

Chapter 1
Chapter 2
Chapter 3
Chapter 4
Chapter 5
Chapter 6
Chapter 7
Chapter 8
Chapter 9
Chapter 10

面或反面，但不能同時顯示兩面。例如：一個實驗可以揭示光的波動性或它的粒子性，但不能在同一實驗中同時揭示兩種性質。波耳認為，物理學家要嘛「追蹤粒子的路徑」，要嘛「觀察干涉效果」。

波耳被封為爵士後，以中國古代的太極圖為核心，設計了他的族徽（見圖9-1），並寫有拉丁語「CONTRARIA SUNT COMPLEMENTA（對立即互補）」，以此展示他對互補原理的理解。太極圖中陰陽的相生相剋，確實是既互補又排斥，看來波耳對古代中國文化也有不淺的理解。

但是也有人質疑互補原理，認為這不能稱之為原理，這不過是根據實驗現象總結的規律，是現有實驗手段不足，導致人們只能測量波粒二象性某一方面的性質，而不代表永遠不能同時測量這兩方面的性質。這話也不光是說說而已，已經有科學家著手這方面的實驗，也取得了一些進展。

英國物理學家佩魯佐等人，在《科學》雜誌上發表了一篇論文，指出他們在實驗中同時觀察到了光子的波動性和粒子性。佩魯佐在一份聲明中說道：

圖9-1　波耳爵士的族徽

「這種測量裝置檢測到了強烈的非定域性，這就證實在我們的試驗中，光子同時表現的既像一種波又像一種粒子，這就強烈反駁了光像一種波或者像一種粒子的模型。」

對於這個結果，部分科學家認為還值得商榷，將來結果如何，讓我們拭目以待吧。

現在，我們終於可以大致總結一下到底什麼是波粒二象性了。波粒二象性既包含粒子性，又包含波動性，但它的粒子性不同於古典物理中的粒子，波動性也不同於古典物理中的波。我們在表 9-1 中對比。

表 9-1 波粒二象性與古典粒子和古典波的對比

	古典物理	波粒二象性
粒子性	具有一定質量、能量、動量，具有一定的運動軌跡；位置、動量可以同時確定	位置、動量無法同時確定；沒有固定的運動軌跡，只有機率分布的規律
波動性	需要傳播介質，可以擴散和消失，會在空間彌散開來	無須傳播介質，是「機率波」，即粒子出現的機率符合波的規律，波的強度與粒子出現的機率密度成正比。只能知道什麼地方可能有粒子出現以及粒子可能有某種性質（能量，自旋等），它包含了量子因素固有的不可預測性和不確定性

波耳曾經說過：

「語言是建立在經由感官傳遞的資訊基礎上，我們對微觀世界的描述，受到我們語言貧乏的限制，因此我們無法真實描述一個量子過程。」

對於波粒二象性顯示的物理現象，這句話再合適不過了。我們的語言太貧乏，只好取了「波粒二象性」這麼一個似是而非的名字。

9.3 疊加態：人為測量竟如此重要？

在上一章單一粒子的雙狹縫干涉實驗中，我們看到單一粒子也能表現出波的特性。為了解釋這種現象，量子力學中提出了一種

「疊加態」的假設，並將其作為量子力學的一條基本假設——「態疊加原理」納入量子力學體系中。

態疊加原理指出，假設 A 和 B 是一個粒子的兩種不同狀態，那麼 A 和 B 的線性組合 A+B 也是這個粒子的可能狀態，同時具有狀態 A 和狀態 B 的特徵，A+B 可稱做「疊加態」。

按照這種假設，在雙狹縫實驗中，粒子穿過狹縫 A 時處於狀態 A，穿過狹縫 B 時處於狀態 B。實驗裝置令粒子具有了一種特定的疊加態，該疊加態是「粒子穿過狹縫 A」和「粒子穿過狹縫 B」的結合，記作 A+B，也就是粒子同時穿過狹縫 A 和狹縫 B。兩道狹縫被綑綁在一起，於是在測量粒子位置時，會出現干涉現象。

也就是說，按照這種假設，單一粒子同時穿過了兩道狹縫，它與自己發生了干涉。

但是，疊加態會被人為測量破壞。假如我們要觀察電子穿過狹縫的過程，那麼它有 50% 的可能性穿過狹縫 A，同時有 50% 的可能性穿過狹縫 B，如果你觀察到它從哪個狹縫穿過（即完成一次測量），疊加態就消失了，感光屏上就不會出現干涉。假如我們不觀察電子穿過狹縫的過程，而只觀察它最終落在感光屏上的形態，同時穿過狹縫 A 和狹縫 B 疊加態就會始終存在，就會看到干涉。

另外，粒子的某些屬性在測量之前無法確定，我們也可以認為此時粒子處於多種屬性的疊加態，只有測量完成後，它的屬性才會固定。人們常用「薛丁格的貓」（見圖 9-2）來形象地描述這種疊加態，但我認為這並不是一個很好的例子[1]，我們還是來看另一個關

1　大多數書上都會分析「薛丁格的貓」弔詭（見圖 9-2），但我認為一個由天文數字的各種粒子構成的宏觀物體早已喪失了量子特性。如果一定要研究其疊加態，就要組合所有粒子的可能性，那又是更大的天文數字，絕非簡單的「死」和「活」所能描述。

於偏振光的例子。

圖 9-2 薛丁格的貓，處於死和活的疊加態示意圖

一隻貓被關在箱子裡，箱中有一小塊放射性物質，它在 1 小時內有 50% 的機率會衰變。如果衰變，就會透過一套裝置觸發一支鐵錘，擊碎一個毒氣瓶毒死貓。在 1 小時內，你無法判斷貓是死是活，除非打開箱子看。按照量子力學規則，可以認為貓處於死和活的疊加態，一旦你打開箱子觀察，它就會從疊加態變成確定態

當自然光射過偏光片時，可將各個方向的振動，分解為平行於偏振方向的振動，和垂直於偏振方向的振動。垂直於偏振方向的分量被吸收並隨之消失，平行於偏振方向的分量通過，故光強只剩原來的一半，如圖 9-3(a) 所示。任一方向光線的分解見圖 9-3(b)。

在此我們只研究單一光子的情況。對於一個光子，在它沒有通過一個偏光片之前，其偏振方向不確定，或者說，它處於所有偏振方向的疊加態中。只有你測量一次，也就是擺放一個偏光片讓它通過，它才會有一個確定的偏振方向。

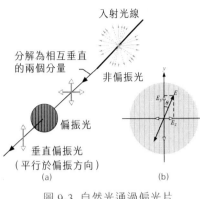

自然光包含了所有角度的振動方向，任何一個方向的振動都可以按圖（b）中的方法，分解為平行和垂直於偏振方向的振動。當它穿過偏光片時，只有平行於偏振方向的分量通過（該方向在此處用畫在偏光片上的直線來表示），通過偏光片後就得到了垂直偏振光，光強為入射光的一半

圖 9-3 自然光通過偏光片

因為自然光（大量光子）通過以任意角度擺放的偏光片後，強度都會變為原來的一半，所以單一光子通過任意角度偏光片的機率是 50%。

要知道，這個偏光片你可以以任意角度擺放，這個光子都有 50% 的機率通過。於是就有兩種情況出現：通過或者被擋住。

(1) 如果這個光子通過偏光片，那麼它的偏振方向就被確定為與偏光片平行，這時它就從疊加態變成了確定態。

(2) 如果這個光子被偏光片擋住，那麼它的偏振方向就被確定為與偏光片垂直，這時它也從疊加態變成了確定態。

也就是說，你隨意放置一個偏光片，這個光子不管是通過還是被擋住，它都會從疊加態變成確定態[2]。

疊加態的概念，讓測量甚至是人的主觀意識變得相當重要，因為在測量前它的屬性不確定，而如何測量又是人的主觀設定，完全

---

2 大多數書上都把光子的偏振，分解為與偏光片平行和與偏光片垂直的疊加。實際上，在沒有擺放偏光片之前，光子怎麼會知道這兩個方向朝向何方？所以我認為，這種「疊加」是人為想像的疊加態，而不是光子本來的疊加態，反而把問題複雜化了。

隨意，這正是量子力學讓人們爭論的焦點之一，因此產生了各種各樣的量子力學解釋，有人甚至提出平行宇宙來解釋此現象（見第13章），眾說紛紜，讓人眼花撩亂、無所適從。

▌9.4 波函數塌縮

量子力學的正統解釋稱為「哥本哈根詮釋」，因為這個解釋的主要建築師波耳的研究基地在哥本哈根。實際上，「哥本哈根詮釋」這一術語，海森堡於 1955 年第一次使用，之前從未有人這樣說過，波耳也沒有。由於這個術語簡潔囊括了幾條原則，非常方便，所以很快就流傳開來。

「哥本哈根詮釋」的中心原則包括以下內容：玻恩的波函數機率解釋（見7.2節）、海森堡的測不準原理、波耳的對應原理（見7.3節）和互補原理、疊加態，以及接下來要介紹的波函數塌縮，該解釋認為不存在超越測量或觀察行為的客觀實在現象。

該解釋認為：一個微觀物理的物體沒有本徵性質。在觀察或測量電子的位置之前，電子根本不存在於任何位置。在它被測量之前沒有速度或其他物理屬性，故在測量前問電子的位置在哪、速度多快沒有意義。

這一點，物理實在論者無法接受。愛因斯坦堅決反對這一觀點，他反駁道：「你是否相信，月亮只有在看著它的時候才真正存在？」

愛因斯坦的質疑看似不無道理，但並不能反駁該解釋，因為宏觀物體只能顯示粒子性一種屬性，它的波動性根本無法顯示，所以宏觀物體構成了一種物理實在，與你的觀察無關；而微粒卻有粒子

性和波動性兩種屬性，在這種情況下，你的觀察就是關鍵。

這實際上就是「波函數塌縮」的概念。根據哥本哈根詮釋，在一次測量和下一次測量之間，除抽象的機率波函數以外，這個微觀物體不存在，它只有各種可能的狀態；僅當觀察或測量時，粒子的「可能」狀態之一才成為「實際」的狀態，並且其他可能狀態的機率突變為零。這種由於測量行為，導致波函數突然、不連續的變化，被稱為「波函數塌縮」，比如在電子雙狹縫干涉實驗中，每個電子落在屏幕上都是一次波函數塌縮。

其實，9.3 節所講的「疊加態變成確定態」也可以理解為波函數塌縮。

對此，愛因斯坦並不贊同，因為沒有現成的理論能解釋，看起來彌散在空間中的波函數如何能在瞬間「收斂」於檢測點。他認為這種瞬間的波函數塌縮有一種超距作用，粒子在某一點出現，意味著其他可能出現點的機率瞬間為零，這種超光速的資訊傳遞違背相對論。愛因斯坦的指責最後提煉為一個稱為「EPR」的弔詭思想實驗，其結果如何，我們將在第 15 章中詳述。

▌附錄　量子電腦

量子疊加態最讓人期待的應用，可能要數運算功能超級強大的量子電腦了。

現有的電腦採用二進位（用「0」或「1」表示）作為資訊儲存單位，實現各種運算。而運算過程就是操作記憶體所存數據。電腦無論記憶體多大，一次只能儲存一個數據，操作一次只能變換一個數據，因此在運算時必須連續操作，這就是串行運算模式。

　　量子電腦的資訊單位是量子位元。量子位元最大的特點是它可以處於「0」和「1」的疊加態，即一個量子位元可以同時儲存「0」和「1」兩個數據，而傳統電腦只能儲存其中一個數據。比如一個二進位記憶體，量子記憶體可同時儲存「00」、「01」、「10」、「11」四個數據，而傳統記憶體只能儲存其中一個數據。

　　很容易就能算出，n 位量子記憶體可同時儲存 2^n 個數據，它的儲存能力是傳統記憶體的 2^n 倍。一台由 10 個量子位元組成的量子電腦，其運算能力就相當於 1024 位的傳統電腦。對於一台由 250 個量子位元組成的量子電腦（n=250），它能儲存的數據比宇宙中所有原子的數目還要多。這就是說，即使把宇宙中所有原子都用來造一台傳統電腦，也比不上一台 250 位的量子電腦。

　　但是，究竟要怎樣才能連接這些量子位元、怎樣為量子電腦編寫程式、以及怎樣編譯它的輸出訊號，都面臨著嚴峻的挑戰。1994 年，計算機科學家 Peter Shor 提出了一個大數因子分解的量子算法，它能在幾秒內破譯常規電腦好幾個月都無法破譯的密碼。這是一個革命性的突破，顯示出量子電腦可以計算，由此引發了大量的量子計算和資訊方面的研究，關於量子閘、量子電路等許多設計方案不斷湧現，量子計算的理論和實驗研究蓬勃發展。

　　現在人們需要研究的，就是如何造出一台量子電腦。二十年來，相關領域的科學家紛紛投入研製，雖然面臨重重技術障礙，但也取得了一些進展。2001 年，科學家在具有 15 個量子位元的核磁共振量子電腦上，成功利用 Shor 演算法因式分解「15」；2011 年，科學家使用 4 個量子位元，成功因式分解「143」。

　　雖然現在量子電腦還處於起步階段，但是將來一旦研製成功，一定會為人類帶來又一次影響深遠的資訊革命。

Chapter **10**

神奇的量子穿隧效應

波粒二象性使微粒表現出許多在宏觀世界裡看起來不可思議的現象，穿隧效應就是其中之一。嶗山道士的故事被我們當作笑話來看，但在量子世界裡，因為有穿隧效應，穿牆而過不再是難事，甚至很容易就能做到。借助穿隧效應，人們發明了掃瞄穿隧顯微鏡，不但「看見」了一個個原子，而且實現了移動、操控原子的夢想。

█ 10.1 穿隧效應：穿牆而過不是夢

在講穿隧效應之前，我們先來看一個小實驗。如圖 10-1 所示，假設有一條像山坡一樣高低起伏的滑軌，滑軌上有一個小球，二者之間沒有任何摩擦力。如果我們讓小球從 A 點出發滑落，而且出發時速度為零，那麼小球最高能到達哪一點呢？

這太簡單了，根據能量守恆定律，我們知道小球的位能會轉化成動能，然後動能再轉化成位能，最後會到達高度與 A 點相同的 B 點，如此往復運動。

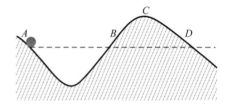

圖 10-1　用小球和滑軌來說明穿隧效應的示意圖

如果我問你，這個小球會出現在 D 點嗎？你一定會説，絕對不可能，因為 C 點是一座無法翻越的大山。或者説，C 點是一處能量很高的位置，小球沒有足夠的能量翻越。

對於古典粒子來說的確是這樣；但是，如果這條滑軌縮小到原子尺度，而小球是一個電子的話，上述結論就不成立了。量子力學的計算表明，從 A 點出發的電子，有很大的機率會出現在 D 點，就像是從一條隧道穿過去的一樣——這就是量子穿隧效應，它是微粒波粒二象性的體現。

總結一下：如果微粒遇到一個能量勢壘（potential barrier），即使粒子的能量小於勢壘高度，它也有一定的機率穿越勢壘，這種現象就叫穿隧效應。穿隧效應是一種很常見的量子效應，也就是説，嶗山道士的故事在量子世界裡很稀鬆平常。

當然，對於不同的情況，粒子在勢壘外出現的機率，需要透過薛丁格方程式仔細計算。在一般情況下，只有當勢壘寬度與微粒的

量子的星際漂流

從打臉牛頓開始

Chapter 1
Chapter 2
Chapter 3
Chapter 4
Chapter 5
Chapter 6
Chapter 7
Chapter 8
Chapter 9
Chapter 10

物質波長可比擬時，勢壘貫穿的現象才能被顯著觀察到；而如果勢壘太高或太寬，穿隧的可能性就會變得很小。

用量子穿隧效應，能部分解釋放射性元素的 α 衰變現象。α 衰變，是從原子核中發射出 α 粒子（氦原子核）的一種放射性現象。原子核對最終要被發射的 α 粒子來說，就好比一道屏障，而 α 粒子就被圍在其中；然而，原子核內的 α 粒子因為穿隧效應，有一定的機率穿越原子核屏障逃逸，這就表現為放射性。比如對於鈾 -238，其原子核的勢壘高達 35MeV，而釋放出的 α 粒子能量只有 4.2 MeV，如果將它比作一個人，他只能跳 4.2m 高，但是卻跳過了 35m 高的牆。

黑洞的邊界，是一個物質（包括光在內）只進不出的「單向壁」，這單向壁對黑洞內的物質來說就是一個絕高的勢壘；但是霍金（S. W. Hawking）認為，黑洞並不是絕對的黑，黑洞內部的物質能因為穿隧效應逸出，但這種過程非常慢。不過據估計，有一些產生於宇宙大霹靂初期的微型黑洞，到現在已經全數蒸發。

若在兩塊超導體之間夾一個絕緣層，電子是否能穿越呢？按古典理論，電子不能通過絕緣層。但是 1962 年，英國物理學家約瑟夫森（B. D. Josephson）從理論上研究並預言：只要絕緣層夠薄，超導體內的電子就可以通過絕緣層，形成電流，因為電子能以穿隧效應穿過絕緣層，這種裝置被稱為約瑟夫森結。1963 年，實驗證明了約瑟夫森預言的正確性，他也由於這一貢獻，獲得了 1973 年的諾貝爾物理學獎。

10.2 掃瞄穿隧顯微鏡

隨著科學技術的發展，穿隧效應不僅僅用於解釋物理現象，

它的應用已經滲透到科學的各個領域，乃至我們日常生活中，並以此為基礎誕生了形形色色的穿隧器物和裝置。掃瞄穿隧顯微鏡（scanning tunneling microscope, STM）就是一個典型的例子，它由 IBM 蘇黎世實驗室的賓寧（G·Binnig）及羅雷爾（H·Rohrer）於 1981 年發明。

掃瞄穿隧顯微鏡以穿隧效應為基礎，以一個非常尖銳的金屬（如鎢）探針（針尖頂端只有幾個原子大小）為一電極，被測樣品為另一電極，在它們之間加上高壓。當它們之間的距離小到 1nm 左右時，就會出現穿隧效應，電子從一個電極穿過表面空間勢壘，到達另一電極形成電流。穿隧電流與兩電極間的距離成指數關係，對距離的變化非常敏感。用賓寧和羅雷爾的話說：

「距離的變化即使只有一個原子直徑，也會引起穿隧電流變化 1000 倍。」

因此，當針尖在被測樣品表面上方平面掃瞄時，即使表面僅有原子尺度的起伏，也會導致穿隧電流非常顯著、甚至接近數量級的變化。這樣就可以透過測量電流的變化，反映原子表面尺度的起伏，從而得到表面形貌，如圖 10-2(a) 所示。

還有一種測量方法，透過電子反饋電路，使穿隧電流在掃瞄過程中保持恆定，那麼為了維持恆定的穿隧電流，針尖將隨表面的起伏而上下移動，於是記錄針尖上下運動的軌跡即可給出表面形貌，如圖 10-2(b) 所示。

打個比方來說，如果穿透式電子顯微鏡（見第 6 章）是用眼睛看物體表面的話，那麼掃瞄穿隧顯微鏡就是用手在摸物體表面，從而感知到表面的凸凹不平。

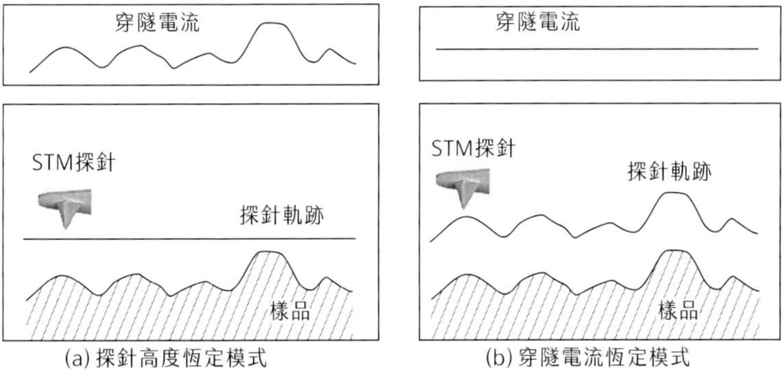

量子的星際漂流
從打臉牛頓開始

Chapter 1
Chapter 2
Chapter 3
Chapter 4
Chapter 5
Chapter 6
Chapter 7
Chapter 8
Chapter 9

(a) 探針高度恆定模式　　(b) 穿隧電流恆定模式

圖 10-2 掃瞄穿隧顯微鏡成像原理

　　掃瞄穿隧顯微鏡的放大倍數可高達一億倍，解析度達 0.01nm，使人類第一次「看見」了單一原子，是世界重大科技成就之一。兩位發明者也因此獲得了 1986 年的諾貝爾物理學獎。圖 10-3 給出了用 STM 測得的銅表面圖像。

　　按人的意志排列一個個原子，曾經是人們遙不可及的夢想，而現在已成為現實。STM 不但可以觀察材料表面的原子排列，而且能移動原子。可以用它的針尖吸住一個孤立原子，然後把它放到另一個位置，這就邁出了人類用單一原子這樣的「磚塊」建造物質「大廈」的第一步。

　　如圖 10-4 所示，為 IBM 公司的科學家精心製作的「量子圍欄」。他們在 4K 的溫度下用 STM 的針尖，把 48 個鐵原子一個個地排列到一塊精製的銅表面，圍成一個圍欄，把銅表面的電子圈起來。圖中圈內的圓形波紋，就是這些電子的機率波圖案，電子出現機率大的地方波峰就高，它的大小及圖形和量子力學的預言非常相符。

圖 10-3 銅（111）晶面的 STM 圖像

圖 10-4 48 個鐵原子形成的量子圍欄，圍欄中的電子呈現出機率波圖景

Chapter **11**

11 Chapter
12 Chapter
13 Chapter
14 Chapter
15 Chapter
16 Chapter
17 Chapter
18 Chapter
19 Chapter
20 Chapter

獨闢蹊徑的路徑積分

波動力學和矩陣力學已經是人們慣用的量子力學處理方法，但還有人不滿足於此，而是獨闢蹊徑，提出另一種數學處理方法，並且大獲成功。

美國物理學家惠勒，在普林斯頓大學任教之時，手下最出色的學生是理查·費曼。1942 年，費曼在惠勒的指導下完成博士論文，取得普林斯頓大學的博士學位，這篇論文提出了量子力學的另一種數學表示形式——路徑積分。如今，路徑積分已經成為量子物理學家必不可少的工具，後來費曼獲得了諾貝爾物理學獎，成為美國最著名的物理學家之一。

■ 11.1 路徑積分：所有路徑求和

　　了解路徑積分前，需要先了解一個名詞——作用量（action）。在古典力學中，作用量是一個很特別、很抽象的物理量，它表示一個物理系統內在的演化趨向，能唯一確定這個物理系統的未來。只要設定系統在初始狀態與最終狀態，那麼系統就會沿著作用量最小的方向演化，這被稱為最小作用量原理。比如光從空氣進入水中傳播時，它所走的是花費時間最少的路徑，所以會產生折射。

　　古典力學體系的作用量，在數學上可以用拉格朗日函數對時間的積分表示。費曼注意到狄拉克 1933 年關於量子力學的拉格朗日表述，兩相對照後，費曼找到了結合點，於是他把作用量引進量子力學。1942 年，費曼在他的博士論文中，提出了波函數一種「按路徑求和」的數學表達形式。

　　還記得機率振幅（即波函數）嗎？費曼從機率幅的疊加原理出發，利用作用量量子化的方法，完整建立了他的路徑積分理論。其核心思想是：從一個時空點到另一個時空點的總機率幅，是所有可能路徑的機率幅之和，每一路徑的機率幅與該路徑的古典力學作用量對應。把作用量引進量子力學，費曼便架起了一座連接古典力學和量子力學的新橋梁。

　　簡單來説，這種方法要考察一個粒子（或者系統）從一點運動到另一點可能經過的所有路徑，每一條路徑都有自己的機率振幅，最終粒子的機率分布由所有這些可能的路徑共同決定。

　　在這種方式下，費曼獲得了一個奇妙的世界圖像，它由時空中的世界線編織而成，萬物皆可隨心所欲地運動，而實際所發生的則是各種可能運動方式的總和。

　　在《量子力學與路徑積分》這本著作中，費曼指出：

「量子力學中的機率概念並沒有改變，所改變、並且根本改變的，是計算機率的方法。」

顯然，費曼的觀點與機率統計詮釋的精神一致，他並沒有與哥本哈根詮釋決裂。機率幅成為路徑積分的核心，費曼在一篇論文中曾說道：

「從古典力學到量子力學，許多概念的重要性有相當大的變化。力的概念漸漸失去光彩，而能量和動量的概念變得非常重要。……我們不再討論粒子的運動，而是處理時空中變化的機率幅。動量與機率幅的波長連繫，能量與其頻率連繫。動量和能量確定波函數的相位，因而是量子力學中最為重要的量。我們不再談論各種力，而是處理改變波長的交互作用方式。縱使要運用力的概念，也是次要的事情。」

儘管我們可以在數學上，疊加所有路徑的機率幅來處理問題，但粒子如何識破所有路徑的機率幅，卻令人費解。

所以連費曼都說：「機率幅幾近不可思議，迄今尚無人能識破其內涵。」

11.2 路徑積分對雙狹縫實驗的解釋

費曼在路徑積分理論中提出如下原理：如果一個事件可能以幾種方式實現，則該事件的機率幅，就是以各種方式單獨實現時的機率幅之和。

在我們熟悉的電子雙狹縫干涉實驗中，我們仍然每次只發射一個電子。在古典運動的方式下，電子從 A 出發，落到屏幕上任意一點 B 時，只能從 1、2 兩條路徑到達（見圖 11-1），那麼電子在 B 點出現的機率幅 ψ，就是路徑 1 的機率幅 ψ_1 和路徑 2 的機率幅 ψ_2

之和，即：

$$\psi = \psi_1 + \psi_2$$

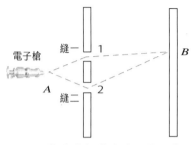

但是，電子並不是古典粒子，那麼在量子運動狀態下，電子從 A 到 B 有多少條可能的路徑？如果我們能找到所有可能路徑，那麼就能計算出電子出現在 B 點的機率。

圖 11-1　按古典運動考慮，電子有兩條可能路徑

我們來設計一個稍微複雜一點的情況：在雙狹縫和屏幕間再插入一塊板，板上有三道狹縫，如圖 11-2 所示。按古典路徑，那麼現在從 A 到 B 有 6 條可能路徑，於是電子在 B 點出現的機率幅，就是從路徑 1 到路徑 6 的機率幅之和，有：

$$\psi = \psi_1 + \psi_2 + \psi_3 + \psi_4 + \psi_5 + \psi_6$$

現在，讓我們想像一下，如果在插入的板上刻出更多狹縫，4 道、5 道、6 道……兩道狹縫之間的距離越來越小，當狹縫數目趨於無窮時，會有什麼效果呢？沒錯，那就是——這塊板不見了，就跟沒有這塊板一樣！

雖然空空如也，但我們可以認為在從 A 到 B 的空間裡，插滿這種有無窮道狹縫的板，那麼電子就在這些板之間來回碰撞轉折，於是有無數條可能的路徑實現從 A 到 B 的過程，也就是說，電子可以從空間中任意一條路徑到達 B 點，比如圖 11-3 中給出的 3 條可能路徑。所以，在雙狹縫干涉實驗中，電子在 B 點出現的機率幅，就是空間中所有可能路徑的機率幅之和，即：

$$\psi = \psi_1 + \psi_2 + \psi_3 + \dots$$

量子的星際漂流
從打臉牛頓開始

Chapter
11

Chapter
12

Chapter
13

Chapter
14

Chapter
15

Chapter
16

Chapter
17

Chapter
18

Chapter
19

Chapter
20

　　我們知道，積分運算正是處理這種問題的好方法。費曼透過他的路徑積分計算表明，當把所有可能路徑都考慮進去時，算出的機率跟實驗值剛好吻合。

　　這就是路徑積分理論對於雙狹縫實驗的解釋，也就是說，從 *A* 點出發的電子「探測」到了空間中所有路徑，瞬間它就求和所有路徑的機率幅，從而確定了它該以什麼樣的機率落在屏幕上，所以即使只發射一個電子，它也會落到雙狹縫干涉的位置上。

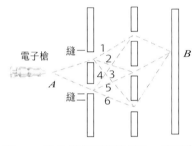 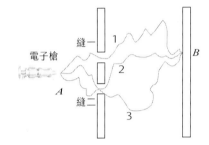

圖 11-2 雙狹縫和屏幕間插入一塊刻有　　圖 11-3 按量子運動考慮，電子有無
三道狹縫的板，電子有 6 條可能路徑　　數種可能路徑

　　如此，我們的疑問看上去就迎刃而解了。從前我們一直覺得奇怪，雖然前方有兩道狹縫，但按理說一個電子只能通過一道狹縫，為什麼電子不是落在單狹縫繞射位置，而是落在雙狹縫干涉位置呢？現在我們明白了：從 *A* 點發出一個電子，如果前方有兩道狹縫，那麼這個電子「探測」到的所有路徑，和前方只有一道狹縫的所有路徑不一樣，所以其最後的落點也不一樣。

　　看起來很完美，但仔細一想，是多麼不可思議！電子既沒有生命，也不是數學大師，它是如何在一瞬間就做完這一切？也許就像光能在一瞬間決定在水中的折射率是多少，才能用最短的時間一樣，電子的運動有一個最小的作用量在控制它，人類需要透過大量數學計算才能得到的結果，而對於自然界而言，都是自然發

生的事。

自然界按自己的方式存在，至於如何去理解，能不能理解，那是人類的事，與自然無關。

▍11.3 路徑積分的廣泛應用

路徑積分方法，不僅為古典力學和量子力學之間架起了一座新的橋梁，同時還為量子力學、場論和統計學提供了一個統一的途徑。

費曼的導師惠勒，為費曼的研究感到非常興奮，他將費曼的論文稿送到愛因斯坦那裡，他對愛因斯坦說：

「這論文太精彩了，是不是？你現在該相信量子論了吧？」

愛因斯坦看了論文，沉思了一會兒，說：

「我還是不相信上帝會擲骰子……可也許我現在終於可以說是我錯了。」

現在，量子力學已經有三種表述形式，即薛丁格的波動力學、海森堡的矩陣力學和費曼的路徑積分。

費曼的路徑積分在數學上沒有嚴格定義，長期困擾費曼的一個問題是：連最簡單的氫原子模型波函數，用他的路徑積分都無法求解，而這一問題早已被薛丁格方程式解決了。因此，從數學上研究費曼積分的定義十分必要。

直到 1979 年，Duru 與 Kleinert 採用了天體物理中的一種時空變換，成功將路徑積分理論應用到氫原子問題中，計算出氫原子能

譜。這種時空變換思維,為很多未解決的路徑積分問題打開了新思路,使路徑積分量子化理論及其應用快速發展。

現在,路徑積分已經成為量子場論、量子統計學、量子混沌學、量子重力理論等現代量子理論的基礎理論。創立夸克模型的蓋爾曼曾這樣評價:

「量子力學路徑積分形式比一些傳統形式更為基本,因為在許多領域它都能應用,而其他傳統表達形式將不再適用。」

路徑積分只是研究量子物理的一種途徑,為什麼它會受到物理學家如此青睞,它的迷人魅力到底是什麼呢?答案是:它可以更形象、更直觀地分析量子力學與古典力學的連繫,它能夠體現物理體系的整體性質和時空流形的整體拓撲,而且相對來說,在數學處理上也最為方便有效,費曼圖就是這種魅力的直接體現。

11.4 費曼圖:物理學家的看圖説話

在路徑積分的研究中,費曼發明了一種用形象化的方法,直觀地處理各種粒子交互作用的圖——費曼圖。

費曼圖只有兩個座標軸,橫座標代表「空間」,它把三維空間簡化到一個軸上,縱座標代表「時間」,所以也叫時空圖。

圖 11-4 所示為一個電子吸收一個光子的時空圖。電子在

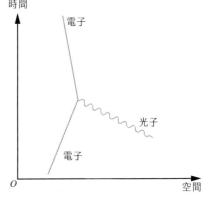

圖 11-4　電子吸收光子的時空圖

時空圖上的運動用直線表示，光子的運動用波浪線表示。電子的運動雖然用直線表示，但並不是說它就沿直線運動，這條直線是表示電子從一點運動到另一點的機率振幅，而且它是所有可能路徑的機率幅之和。同理，光子也是如此。

　　圖中電子向右運動，在吸收一個光子後，動量受到光子影響，從而改變運動方向，開始向左運動。

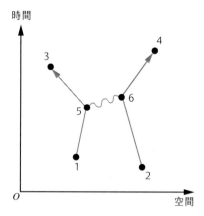

圖 11-5　兩個電子移動的時空圖

　　位於 1、2 兩點的兩個電子相互接近，受到排斥作用後相互分開，移動到 3、4 兩點。一個電子在 5 處發射一個光子，被另一個電子在 6 處吸收

　　圖 11-5 所示為位於時空圖上 1、2 兩點的兩個電子移動到 3、4 兩點的物理過程。兩個電子在相互接近的過程中，由於電磁力的斥力作用，會被排斥開朝相反方向運動。它們在 5、6 兩點交換一個光子，即一個電子發射一個光子被另一個電子吸收，這個光子我們看不到，所以叫虛光子。需要說明的是，5、6 兩點在時空圖上的位置是任意的，而且電子隨時可能進行另一次光子交換，也就是說，電子可能交換兩個、三個甚至更多的光子。如圖 11-6 所示，

量子的星際漂流

從打臉牛頓開始

Chapter 11

Chapter 12

Chapter 13

Chapter 14

Chapter 15

Chapter 16

Chapter 17

Chapter 18

Chapter 19

Chapter 20

把時間軸去掉後，大家能更容易理解的電子位置變化圖。

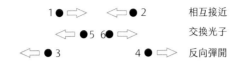

1 ● ⇒　　⇐ ● 2　　　相互接近

⇐ ● 5　6 ● ⇒　　交換光子

⇐ ● 3　　　　4 ● ⇒　　反向彈開

圖 11-6　圖 11-5 所示的兩個電子空間位置變化示意圖

　　費曼的神奇之處就在於，他透過路徑積分計算所有可能過程的機率，結果竟然和實驗精確吻合。費曼時空圖可以方便地計算出一個反應過程的躍遷機率，於是時空圖成為描述粒子之間交互作用、直觀表示粒子散射、反應和轉化等過程的一種形象化方法，受到眾多量子物理學家的喜愛，得到廣泛運用。

費曼（Richard Feynman, 1918—1988 年），美國猶太裔物理學家。從小學到中學，費曼就表現出過人的數學天分，被稱為「數學神童」。1935 年，他進入麻省理工學院學習數學和物理，一入學就開始自學狄拉克剛剛再版的《量子力學原理》，書中的一句話成為他後來一生的信條，只要碰到棘手的問題，他就會習慣性地吟誦這句話：「看來這裡需要全新的物理思想。」1939 年費曼從本科畢業，畢業論文〈分子中的力〉發表在《物理評論》上。畢業後進入普林斯頓大學，師從約翰·惠勒成為研究生，1942 年獲得理論物理學博士學位，1943 年進入洛斯阿拉莫斯國家實驗室，參加了曼哈頓計劃。費曼總是與眾不同，試爆核彈時，別人都戴墨鏡觀看，唯有他例外。費曼於 1940 年代提出了用路徑積分表達量子振幅的方法，提出了費曼圖、費曼規則和重整化（Renormalization）的計算方法，這些都是研究量子電動力學和粒子物理學不可缺少的工具。1951 年，費曼轉入加州理工學院，其幽默生動、不拘一格的講課風格深受學生歡迎。1961—1963 年，他為本科低年級學生講授大學物理課程，講義被編撰為風行世界的《費曼物理學講義》。1965 年，費曼因在量子電動力學方面的貢獻，與施溫格、朝永振一郎一同獲得諾貝爾物理學獎。

Chapter **12**

Chapter 11

Chapter 12

Chapter 13

Chapter 14

Chapter 15

Chapter 16

Chapter 17

Chapter 18

Chapter 19

Chapter 20

堅持決定論的隱變量理論

「哥本哈根詮釋」被大多數人接受，並被視為量子力學的正統解釋。不過並非人人都贊同「哥本哈根詮釋」，也有人提出了一些其他理論來挑戰「哥本哈根詮釋」，隱變量理論就是其中之一。儘管這些理論受到諸多非議，但是懷疑是科學之母，了解一些不同的聲音也可以開闊思路，所以本章先介紹隱變量理論，其他理論於下一章再簡單介紹。

▍12.1 德布羅意的領波理論

波耳和他的支持者指出，因為量子現象顯然和日常經驗相矛盾，如果不放棄因果關係就無法理解。對波耳來說，從「可能」到「現實」的轉換發生在觀察行為之間，獨立於觀察者的基本量子實際不存在；而愛因斯坦則不同意這種主張。他認為，量子力學作為一個統計理論來說也許正確，可是作為一個單獨的基本過程卻不完整。對於愛因斯坦來說，相信一個獨立於觀察者的客觀實際存在，是探討科學的最基本前提。

物理實在論的信奉者並非只有愛因斯坦一人。為了駁斥機率論，物理實在論者提出了一套隱變量理論，試圖用確定性的物理實在論，解釋雙狹縫干涉實驗中波粒二象性的實驗現象。他們認為，光子在穿過雙狹縫屏之前，一定存在著某些來自屏幕後方的隱藏變量，將後面是否有接收屏的資訊傳遞給光子，並控制光子以相應的方式穿過雙狹縫，這就是所謂的「隱變量理論」。

隱變量理論反對哥本哈根詮釋，它的基礎是決定論（也可叫因果論），相信量子力學理論不完整，並且有一個深層的現實世界，包含有關量子世界的其他資訊。這種額外的資訊是一種隱藏變量，卻是真正的物理量。若能確定這些隱藏變量，就能準確預測測量結果，而不僅僅是得到機率。

德布羅意就持這種觀點。1927 年 10 月，在第五次索爾維會議上，德布羅意宣讀了論文〈量子的新動力學〉，提出一個替代波函數機率解釋的方法，這個方法德布羅意後來稱為「領波理論」。在領波理論中德布羅意認為，粒子和波的特性同時存在，粒子就像衝浪者一樣，乘波而來；而在波的領航下，粒子從一個位置到另一個位置。

量子的星際漂流

從打臉牛頓開始

Chapter 11

Chapter 12

Chapter 13

Chapter 14

Chapter 15

Chapter 16

Chapter 17

Chapter 18

Chapter 19

Chapter 20

可是在會上，德布羅意的領波理論遭到包立的猛烈抨擊，讓他無法招架。當德布羅意把求援的目光轉向愛因斯坦，並希望從這個唯一可能保持中立的人那裡得到支持時，愛因斯坦卻保持緘默，他可能覺得這個理論還有點粗糙，所以沒有發言，這讓德布羅意非常失望。幾天後會議結束，愛因斯坦準備要返家，也許是出於歉意，他拍著德布羅意的肩膀說：「要堅持，你走的路是對的。」但愛因斯坦的鼓勵沒有發揮作用，德布羅意因為沒有得到眾人的支持而心灰意冷，沒有再繼續發展他的理論。

德布羅意的領波理論，實際上就是一種隱變量理論。隱變量並非是領波本身——那已經在波函數的性質和行為中充分揭示了，隱藏的實際上是粒子的位置。但是領波理論還存在許多明顯漏洞，無法使人信服，所以愛因斯坦即使想支持也無法開口，只好保持沉默。

12.2 玻姆的量子位能理論

隱變量理論處在主流之外，所以支持者不多。美國普林斯頓大學的物理學家戴維·玻姆（David Bohm）在愛因斯坦的鼓勵下，於 1952 年發表了兩篇論文，重新討論了隱變量問題。玻姆的隱變量理論與德布羅意的領波概念多有共同之處，被看成是領波理論的邏輯發展結果。因此玻姆的新發表，常被稱為德布羅意－玻姆理論。

在玻姆的理論中，波函數被重新解釋為表達一種客觀實在的場。玻姆假設存在一種實在的粒子，其運動嵌在場中，沿著實際的空間軌域，並且依照強加的「制導條件」，「受制」於相位函數。於是，每一個場中的每一個粒子具有精確定義的位置和動量，沿著相應相位函數決定的軌域運動。這樣得到的運動方程式不僅依賴於

古典位能，還依賴於由波函數決定的另一種位能，玻姆稱之為量子位能。

按量子位能理論，原則上我們能追蹤每一個粒子的軌跡，但是由於我們無法確定每個粒子的初始條件，所以只能計算機率。機率仍然連繫著波函數的振幅，但這並不意味著波函數只有統計意義；相反，波函數被假設具有很強的物理意義——它決定了量子位能的形狀。

量子位能理論雖然認為粒子的位置和動量，在原理上可以被精確確定，但也承認測量儀器或測量過程對波函數有影響，因而會直接影響量子位能，從而影響粒子路徑。所以測量儀器仍然是關鍵，量子粒子通過裝置的軌域取決於實驗設計。在測量儀器對測量結果有決定性影響這一點上，玻姆理論與波耳的主張實際上並不衝突。

1979 年，C·Philippidis 等人對一組特定的實驗參數，計算了電子雙狹縫實驗的量子位能圖像，結果示於圖 12-1。

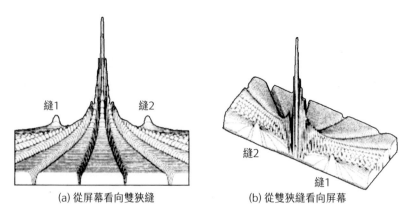

(a) 從屏幕看向雙狹縫　　　　(b) 從雙狹縫看向屏幕

圖 12-1 電子雙狹縫實驗理論計算的量子位能圖像

圖 12-1(a) 所示，為從屏幕往回看雙狹縫時的量子位能，圖 12-1(b) 所示為從雙狹縫前看屏幕時的圖像。量子位能在雙狹縫附近區

量子的星際漂流
從打臉牛頓開始

Chapter
11

Chapter
12

Chapter
13

Chapter
14

Chapter
15

Chapter
16

Chapter
17

Chapter
18

Chapter
19

Chapter
20

域呈現出一系列複雜的振動峰結構；在離縫較遠處，衰減為平台和深谷結構，平台對應亮條紋，深谷對應暗條紋。對具有一定的量子位能初始條件的電子，計算出的實際軌跡示於圖 12-2。

圖中顯示，各條軌跡在離開每一縫隙後立刻發散，但它們互不相交。兩道縫隙的軌跡在正中間有分界線，各占屏幕的一半。電子會沿圖中的某一條軌跡運動，然後落在屏幕上。每個電子有不同的初始條件，所以它們各

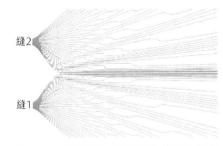

圖 12-2　用量子位能計算出的電子通過雙狹縫的理論軌跡

自沿著不同的軌跡到達屏幕，最後形成屏上的干涉圖像。

「整體性」是量子位能理論的核心。量子位能實際上將空間裡的所有東西看作一個不可分割的整體，任何測量儀器的變化都將導致整個量子位能場的變化。量子位能理論採取的是「自頂向下」的方法：整體意義比局部之和重要很多，並實際上決定著各個局部的性質和行為。

到了 1980 年代，玻姆又進一步發展理論，提出了「隱序理論」（Implicate order），認為物理世界有確定的秩序，不過這些資訊因為波函數「捲起」而隱藏，一切可被感知和加以實驗的特徵（顯序），乃是包含在隱序裡的潛在性實現，此時波函數被「展開」。隱序不但包含這些潛在性，而且決定著哪一個將被實現。在此，波函數的捲起和展開最為基本。波的性質和粒子的性質也在波函數不斷地捲起和展開中得到體現。

隱變量理論並非當前量子物理的主流思想，因為第 15 章提到的實驗使隱變量理論受到嚴峻挑戰，甚至可以說已經證明了該理論

是錯誤的！即便如此，我還是把這一章寫下來，因為這是很多人在
思考量子力學時，都可能會想到的一種假設；另外，隱變量理論是
否會出現更好的模型還不得而知，總之這種理論的發展道路必定是
困難重重。

Chapter 11
Chapter 12
Chapter 13
Chapter 14
Chapter 15
Chapter 16
Chapter 17
Chapter 18
Chapter 19
Chapter 20

Chapter **13**

量子力學的其他解釋

波函數塌縮屬於正統的哥本哈根詮釋，但它歷來是科學家們爭論的焦點，因為它實在是難以理解。沒有證據表明波函數塌縮是一種實在的物理過程，這只是人為引入的一種解釋實驗現象的手段：一個量子系統在測量之前處於各種狀態的疊加態，只有測量後才能顯示出其中一種狀態，其他的狀態瞬間消失。對於那些難以理解的量子實驗現象，這樣的解釋看似合理，但似乎又經不住推敲：最後塌縮的那一瞬間，到底是什麼發揮作用，使它選擇了其中一種狀態？

13.1 意識論：我思故我在？

在 1927 年的第五次索爾維會議上，狄拉克認為，波函數塌縮是自然隨機選擇的結果，而海森堡則認為它是觀察者選擇的結果。波耳似乎同意狄拉克的觀點，他在 1931 年曾說過：「我們必須時常使用統計方法，並談論自然會選擇的一些可能性。」

更驚人的想法來自於「現代電腦之父」——美籍匈牙利學者馮・諾依曼（John von Neumann）。1932 年，諾依曼出版了經典的量子力學教科書《量子力學的數學基礎》，書中明確提出了波函數塌縮這個概念，並且認為導致波函數塌縮的可能原因是觀察者的意識。諾依曼認為，量子理論不僅適用於微粒，也適用於測量儀器。故測量儀器的波函數也同樣需要「別人」來塌縮，而由於觀察者意識到的測量結果總是確定的這一事實，因此只有意識才能最終塌縮波函數產生確定的結果。

意識塌縮波函數，類似於「我思故我在」，這帶一點唯心主義的觀點受到一些人的追捧，還不斷地在此基礎上發展出一些新的理論。

1939 年，倫敦和鮑厄撰文介紹意識論，在他們看來，只有觀察者才能夠支配一種特有的內省本領，即只有觀察者能夠立即說明自己的狀態，而正是依靠這種內在的認識，觀察者才能夠產生一種確定的客觀性，從而使疊加的波函數塌縮。

維格納於 1960 年代再次發展意識論，他認為有意識的生物，在量子力學中的作用一定與無生命的測量裝置不同。維格納進一步建議，考慮到意識對波函數的特殊作用，量子力學中的線性薛丁格方程式必須用非線性方程式代替。

意識論當然也遭到很多人的反對，不少學者試圖尋找導致波

函數塌縮的其他原因，比如從熱力學角度考慮，或者建立動態塌縮模型。

13.2 熱力學不可逆過程

1949 年，德國學者約爾丹（P. Jordan）撰文指出：波函數塌縮過程不是觀察者的意識作用，而必定是一個真實的宏觀物理過程。他指出，在每一種測量中，微粒都要留下宏觀尺寸的蹤跡，因此解決塌縮問題的關鍵一定在熱力學中，而塌縮本身就是一種熱力學不可逆過程。

1950 年代，路德維希進一步延伸了約爾丹的想法。他認為，測量儀器是一個處於熱力學亞穩態的宏觀系統，在受到微觀系統的擾動時能向一個熱力學穩態演化，從而導致一個確定的測量結果的出現。因此，波函數塌縮是一種由微觀事件觸發的熱力學不可逆過程。海森堡當時也表達了同樣的看法，即只要量子測量從可逆過程轉變成熱力學不可逆過程，就會發生波函數塌縮。

然而，為了利用熱力學不可逆過程來解釋波函數塌縮，必須先說明薛丁格方程式所規定的可逆過程，在宏觀極限情況下如何演變成表徵測量的不可逆過程，而既有的理論都未能做到這一點。

13.3 去相干理論

為了解決波函數為什麼會塌縮的問題，有的物理學家又提出了去相干理論。所謂「去相干」，顧名思義，就是退去相互干涉作用，也就是說，量子疊加態不同部分間的退去相位關係。根據去相干理論，當被測系統與測量儀器和外界環境交互作用後，就會發生

去相干，產生實際觀察到的結果，從疊加態變為確定態。

人們認識到，最初形成的量子觀點僅適用於孤立的封閉系統，然而宇宙中沒有任何物體是完全孤立，宇宙中總有一些粒子存在，至少有光子存在，因此不考慮外部環境的作用似乎不現實。於是提出了這樣的觀點：自然界中宏觀量子干涉效應的缺乏，是由於周圍環境造成的去相干效應，古典性是量子性退去相干性的結果，這就是去相干理論的由來。

根據去相干理論，只有在與世隔絕的情況下才能夠維持相干疊加態。然而事實上，除了宇宙本身以外，每個真實的系統，不論是量子的或是古典，從不近似的孤立，都與外部環境密切聯繫，是開放的系統。外部環境可以是空氣中的分子、原子，也可以是輻射中的光子，它們就像一個個「觀測者」，不斷和處於量子疊加態的系統耦合。這種不可避免的耦合作用會導致系統的相位關聯不可逆地消失，從而破壞系統的量子疊加性，促使系統的波函數塌縮到某個確定的古典態。

簡單來說，一個與環境隔絕的量子系統處於純態的疊加態，但它一旦接觸外部環境，它與環境的交互作用將破壞它的疊加態，這就是環境使系統發生去相干。

仍以我們一直研究的雙狹縫繞射為例，一個電子的狀態是穿過狹縫 A 和穿過狹縫 B 兩種狀態的疊加態，一旦觀察，在光子的作用下電子的疊加態會去相干，於是屏幕上的圖案就會改變。

去相干理論中有一個參數叫去相干時間，就是體系從量子態演變為古典態的時間。去相干時間與研究對象的大小，和環境中的粒子數有關。

一個半徑 10^{-8}m 的分子在空氣中的去相干時間約為 10^{-30}s；如

果把空氣抽去，則能延長到 10^{-17}s；如果把這個分子放在星際空間，它只能與宇宙微波背景輻射交互作用，估計能延長到三十萬年。而對於一個半徑為 10^{-5}m 的塵埃顆粒，即使在星際空間，其去相干時間也只有 $1\mu s$。

另外，如果環境中有大量粒子存在，則去相干時間也會非常非常短，可以認為是瞬時完成。電子在遇到屏幕時，屏幕上的大量粒子會使電子瞬時去相干，於是我們就會測量到一個落點，這就解釋了波函數為什麼會塌縮。

去相干理論為量子世界和古典世界建立了一座橋梁，更重要的是，該理論指出，波函數塌縮是系統與環境作用的結果，不用測量儀器和人為意識的介入，這一點是使該理論受到部分物理學家追捧的原因。

但是去相干理論並沒有解決測量的根本問題，它可以說明為什麼特定的對象在受到觀察時會表現為古典測量結果，但無法說明它是如何從眾多的可能結果轉變為一個特定結果。換句話說，去相干理論並不能取代波函數塌縮的假設解決測量問題，它本身無法說明為何一次特定的測量會得到某個特定的結果，而不是另一個。可以說，去相干理論是波函數塌縮解釋的現代延伸版本。

13.4 GRW 理論

GRW 理論，由三位義大利學者 G. C. Ghirardi、A. Rimini 和 T. Weber 最先提出，所以用他們的姓名首字母作為該理論的名稱。

該理論也是對波函數塌縮的修正，其核心思想就是波函數塌縮既不需要「測量者」參與，也不牽涉到「意識」，它只是基於隨機

過程，所以也稱為自發定域理論。

GRW 理論的主要假定是：任何系統，不管是微觀還是宏觀，都不可能在嚴格的意義上孤立，它們總是和環境有種種交流，於是就會被一些隨機的過程影響，這些隨機的物理過程所產生的微小擾動，會導致系統從一個不確定的疊加態，變為在空間中比較精確的定域狀態，也就是說，波函數塌縮是一種自發的從疊加態變為定域態的過程。

GRW 理論的缺點是引入了新的物理常數，包括觸發定域化的最小距離，以及自發定域化的頻率，引入新的常數總是令人心中不太踏實；另外，該理論還存在種種難以自圓其說的地方，所以也是步履維艱。

▌13.5 多世界理論：人人都能創造平行宇宙

除了修正波函數塌縮過程的努力，更有物理學家根本不認同波函數塌縮這一觀點，於是千方百計地想出別的理論來取代。

相信不少人都聽說過平行宇宙、多重宇宙、多重世界等說法吧？你是否能想像，在無數個世界裡都有你的身影？從你出生那天起，從第一聲啼哭是否被旁人聽見開始，你就不斷地把世界分裂成無數個分支，於是世界上所有人也就必須跟著分身，就必須陪你在不同的世界生活，而你也必須在別人分裂出的世界裡不斷複製自身……簡直亂得一塌糊塗。你是不是以為我在胡言亂語？這可不是我說的，這就是最受科幻迷追捧的量子物理新理論——多世界理論。這個理論的始作俑者叫艾弗雷特（Hugh Everett），然後不斷有人擴充，最後居然成了熱門理論。看來為了解釋量子現象，物理學家已經到了「饑不擇食」的地步了。

量子的星際漂流
從打臉牛頓開始

Chapter
11

Chapter
12

Chapter
13

Chapter
14

Chapter
15

Chapter
16

Chapter
17

Chapter
18

Chapter
19

Chapter
20

艾弗雷特從小就對宇宙感興趣，他 12 歲時就寫信給愛因斯坦，問了一些宇宙相關的問題，愛因斯坦也有回信答覆。

1953 年，艾弗雷特畢業於美國天主教大學化學工程系，獲得獎學金進入普林斯頓大學的研究所。一開始他進的是數學系，但他很快就設法轉入物理系，成為惠勒的學生（和費曼師出同門），研究量子力學。

艾弗雷特對波函數塌縮百思不解，於是乾脆直接否定它：根本不會發生波函數塌縮。

1957 年，艾弗雷特在他的博士論文中，提出了量子理論的多重世界詮釋。他提出一個「相對狀態」公式，並說明以自己所有量子狀態都可能存在的這個假定，也能預測量子力學的實驗結果。他的理論是：所有孤立系統的演化都遵循薛丁格方程式，但波函數塌縮從不曾發生。在他看來，被測系統、測量儀器和觀察者都有自己的波函數，也都存在各種狀態，於是這三者構成的整體也就存在各種疊加態，這些疊加態中每個狀態，都包含一個確定的觀察者態、一個具有確定讀數的測量儀器態，以及一個確定的被測系統態，因此，在每一個狀態中的觀察者都會看到一個確定的測量結果。如此，在這個狀態中波函數塌縮看似已經發生，其實是因為他們不知道其他平行狀態的存在而已；而實際上，波函數並沒有塌縮，它仍然在各種平行狀態中發展。

簡單來說，就是波函數的每一種可能狀態都會繼續發展，不會因為你的觀察而消失，而每一種狀態都需要一個世界供它發展，於是就需要無數個平行的世界。就比如電子雙狹縫干涉實驗，電子在所有亮條紋處都有出現的機率，但你發射一個電子它只會有一個落點，它為什麼偏偏會落到這一點呢？當你苦苦思索時，艾弗雷特會微微一笑，告訴你：別想了，在這個世界裡電子落在這一點，但在

另一個世界裡它落在另一點，不過只有那個世界裡的你和我才能看到；而在第三個世界裡它又落在另一點，不過也只有第三個世界裡的你和我才能看到……總之，電子所有可能的落點都會分裂出一個世界，也只有那個世界裡的你和我會看到它落在哪裡。

宇宙就是一個孤立系統，這樣，因為你做了一次電子雙狹縫干涉實驗，宇宙就分裂成無數個平行宇宙，這麼看來，我們人類每時每刻都在不斷地創造著新的宇宙，這個說法真是太怪誕了！為了一個小小的電子落點問題，我們竟然要興師動眾地牽涉整個宇宙的分裂！

德克薩斯大學的布萊斯·德維特剛接觸這個理論時，曾斥其為「徹頭徹尾的精神分裂症」；但令人費解的是，後來德維特卻成了該理論最積極的鼓吹者之一。

對於信奉多重世界理論的人來說，也許不必為世界上任何事難過。比如他有一條寵物狗，有人開槍打死了牠，多世界者會說：沒關係，我的狗在子彈打偏的世界裡依然活著，他們真能這麼瀟灑嗎？

實際上，從多重世界理論很容易就會推出一個怪論：一個人永遠不會死！在死和活的不斷分裂中，總有一個分支是活，所以人總在某個世界中活著，這個怪論被美其名曰為「量子永生」。以此看來，戰場上的士兵也不必害怕敵人的子彈了，即使在這個世界中彈，在另一世界卻不會中彈，還會繼續活下去，怎麼感覺越來越像神學了？

艾弗雷特博士畢業後就離開了物理領域，於 1982 年去世，育有一子一女；遺憾的是，他的女兒在 1996 年自殺，她在遺書中寫道，她要去和父親在另外一個平行宇宙中相會了。他的兒子 2007

量子的星際漂流
從打臉牛頓開始

Chapter 11
Chapter 12
Chapter 13
Chapter 14
Chapter 15
Chapter 16
Chapter 17
Chapter 18
Chapter 19
Chapter 20

年接受 BBC 採訪時表示：「父親不曾跟我説過有關他理論的隻字片語……他活在自己的平行世界中。」

多世界解釋，否定了一個單獨古典世界的存在，而認為宇宙是一種包含有很多世界的存在，它的演化是嚴格決定論。然而，有一個問題確時使多世界信奉者苦惱：為什麼我們只能感知到確定的古典世界，而不能感知到其他的疊加態平行世界呢？

他們只能這樣安慰自己：由於去相干的存在，每個平行世界裡的自己看到的世界，都是退去疊加態的世界，也許在另一個平行世界中的自己也在為相同問題苦惱，所以對於人類來説，永遠不會看到其他平行世界的分支，只能在當下的世界裡生活。

如此，去相干理論解答了上述問題，從而成為了多世界解釋中一個必不可少的組成；但是，還有一個更讓人苦惱的問題：如果全世界將近 80 億人，每時每刻都在不停地分裂宇宙，哪有地方容納如此多的宇宙呢？即使用多維宇宙來解釋，也無法讓人信服。

總體來説，我個人認為用宇宙分裂來代替波函數塌縮是誤入歧途。難怪有物理學家評價説：多世界的假設很廉價，但宇宙付出的代價卻太昂貴。

人類和光子的博弈

人類的好奇心永無止境，物理學家絞盡腦汁想要一窺波粒二象性的奧祕，於是又設計了幾個單光子的實驗，希望「迷惑」光子，從而發現它的運動路徑。可是結果是：光子不但沒被我們迷惑，反而將我們弄得更糊塗。

Chapter 11

Chapter 12

Chapter 13

Chapter **14**

Chapter 15

Chapter 16

Chapter 17

Chapter 18

Chapter 19

Chapter 20

▌14.1 單光子偏振實驗

我們在第 5 章和第 9 章中介紹過一些偏振光的知識，但此處還需更深入地了解一下。

同一方向上傳播、兩列頻率相同的線偏振光，可以合成圓偏振光，圓偏振光又可以分為左旋和右旋兩種[3]。

在自然界中也可以產生光的偏振現象，比如自然光通過某些晶體後，就可以觀察到光的偏振現象。光通過晶體後的偏振現象，和晶體對光的雙折射現象同時發生。把一塊透明的方解石（化學成分是 $CaCO_3$）晶片放到筆上，會看到一段筆桿呈現雙象（見圖 14-1），說明光進入方解石後分成了兩束，這種折射光分成兩束的現象稱為雙折射現象。

圖 14-1　方解石的雙折射現象

研究表明，用圓偏振光射入方解石，發生雙折射後會被分解成兩束相互垂直的線偏振光，兩束光的強度各為原來的一半；現在，如果拿一塊同樣的方解石晶體反向放置，就可將垂直和水平線偏振光重新組合，從而重構圓偏振光，這樣的重構已經在精密的實驗中

3　同一方向上傳播、兩列頻率相同的線偏振光，如果它們的振動方向互相垂直，並具有固定的相位差，則根據相位差的不同，它們合成的光振動向量末端的軌跡可以是直線、橢圓或圓。如果相位差是 0° 或 180°，則合成的還是線偏振光；如果相位差是 ±90°，則合成的是圓偏振光；除此之外是橢圓偏振光。對於橢圓偏振光或圓偏振光，人們規定，迎著光線看時，如果光向量順時針旋轉，則稱為右旋偏振光；如果光向量逆時針旋轉，則稱為左旋偏振光。

從打臉牛頓開始

量子的星際漂流

Chapter 11
Chapter 12
Chapter 13
14 Chapter
Chapter 15
Chapter 16
Chapter 17
Chapter 18
Chapter 19
Chapter 20

實現（見圖 14-2）。

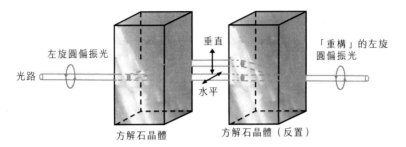

左旋圓偏振光

光路

方解石晶體

垂直

水平

方解石晶體（反置）

「重構」的左旋圓偏振光

圖 14-2 方解石對圓偏振光的分解和重構示意圖，將一束左旋圓偏振光射入方解石，光子在第一塊方解石中被分解成兩束相互垂直的線偏振光，在第二塊反向放置的方解石中重新組合為左旋圓偏振光。即使只射入一個光子，最後出來的也是左旋圓偏振光子

　　現在我們來做一個實驗：如果把通過晶體的光強降到非常低，每次只通過一個光子，那麼從兩塊晶體後出來的光子，是線偏振光子還是左旋圓偏振光子呢？實驗結果顯示，它是左旋圓偏振光子！太難以置信了，難道光子能分成兩半再重新組合嗎？

　　再來一個更絕的實驗：我們在兩塊晶體之間插入一塊擋板，把水平線偏振光的光路擋住，還是通過一個光子，這時就不會產生左旋圓偏振光子了，出現的是一個垂直偏振光子（見圖 14-3）；同理，如果擋住垂直線偏振光路，就會出來一個水平偏振光子。

　　綜合兩個實驗來看，同樣是一個光子，但是它好像「知道」兩條光路的通暢情況，並受其影響。

　　光子的行為與我們的常識相違背，我們只能根據路徑積分理論，認為光子可以探測到所有路徑，從而決定自己的行為，除此之外看來別無他法。可是，光子是怎麼探測到所有路徑的呢？

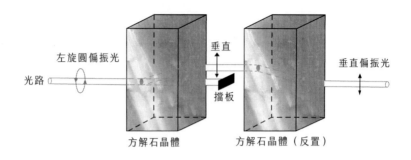

左旋圓偏振光

光路

方解石晶體

垂直

擋板

垂直偏振光

方解石晶體（反置）

圖 14-3 如果插入一塊擋板擋在水平偏振光的光路上，射入一個光子，最後出來的光子是垂直偏振光子

▌14.2 單光子廣角干涉實驗

1992 年，新墨西哥大學的物理學家，成功進行了單光子的廣角干涉實驗，讓人們重新認識波粒二象性的神奇。

如圖 14-4 所示，用雷射器激發染料分子 S 發射出固定波長的光子，控制實驗條件，可以保證 S 每次只發射一個光子。反射鏡 M_1 和 M_2 放置在兩個幾乎完全相反的方向（θ 接近 180°）。圖中畫出了從古典物理角度來看，光子的兩條可能路徑，路徑 1 和 2 分開的角度遠遠大於雙狹縫實驗（雙狹縫實驗中，射向兩個狹縫的光路夾角非常小）。

經過 M_1 和 M_2 反射後，沿著路徑 1 和路徑 2 傳播的光在分光鏡處相遇。分光鏡是一種光學儀器，它能使入射光一半透射一半反射。如果光同時沿路徑 1 和路徑 2 傳播，那麼在分光鏡右側，沿路徑 2 傳播而被反射的光，和沿路徑 1 傳播而從分光鏡通過的光就會疊加，在到達接收器時發生干涉，顯示出干涉圖案。

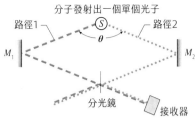

分子發射出一個單個光子

路徑1　　　　　　　　路徑2

M_1　　　　　　　　M_2

分光鏡　　接收器

圖 14-4 單光子廣角干涉實驗示意圖

在該實驗中，由染料分子 S 輻射出一個光子，該光子有兩條可能的路徑，分別用虛線和點線來表示。在分光鏡處，點線有一半反射到接收器上，虛線有一半透射到接收器上，於是在接收器上發生干涉。實驗顯示：即使只有一個光子，它也能「通過」兩條路徑發生干涉

　　如果同時發射大量的光子，出現干涉圖案也許不會讓我們驚訝，因為我們會認為光子有的走路徑 1，有的走路徑 2，通過分光鏡時路徑 1 的光子有一半透射，路徑 2 的光子有一半反射，所以會疊加起來干涉，並不難理解。

　　可是，實驗中每次只發射一個光子，結果顯示：隨著光子一個個打在接收器上，居然也會出現干涉圖案！

　　由於每次只有一個光子，而且兩條路徑遠遠分開，用傳統觀念很難理解這個實驗。因為假如按古典路徑觀點來看，這個光子同時沿著兩條幾乎相反的路徑行進，再自己跟自己干涉，這怎麼可能呢？

　　為了探究光子的運動方向，實驗者想到了透過測量分子的反作用力動量，判斷光子發射方向的辦法；但由於測不準原理，分子的反作用力動量無法精確測量，所以還是無法判斷光子到底是怎麼運動。

　　從某一瞬間來看，光子就是一個粒子，不會是波，也不會分成兩半，但最後它的機率分布卻符合波的規律，其中有何奧妙，真是令人百思不解。

14.3 單光子延遲選擇實驗

前面所列舉的實驗中，實驗設計都是固定，這可能會讓光子有所「準備」。於是人們想到：能不能先不固定實驗設計，我們把測量所需的裝置準備好，加上一個轉換開關，等光子走完大半路程、即將到達終點之際，再決定是要測量它的波動性還是粒子性。物理學家把這種方案稱為延遲選擇實驗。

這個想法太苛刻了，光子能過了這一關嗎？你一定想知道是誰這麼狠，能提出這樣的方案。不是別人，就是費曼和艾弗雷特的導師惠勒。1979 年，惠勒提出了延遲選擇實驗的明確思路。隨後幾十年中，他的思想實驗變成現實，物理學家成功進行了多種延遲選擇實驗。

延遲選擇實驗的原理，與上述單光子廣角干涉實驗差不多，不過兩條路徑成了直角（見圖 14-5）。

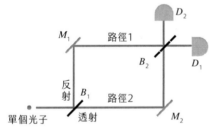

圖 14-5 延遲選擇實驗裝置示意圖

這個裝置叫馬赫－曾德爾干涉儀，其中 B_1 和 B_2 是分光鏡，D_1 和 D_2 是單光子探測器，M_1 和 M_2 是全反射鏡。光子經過分光鏡 B_1，可以機率性地走路徑 1 或路徑 2，在分光鏡 B_2 上兩路光干涉。干涉後的光子，通過單光子探測器記錄光子數及其變化情況

這個實驗中仍然每次只發出一個光子，分以下四種情況觀測。

第一種情況：不放置分光鏡 B_2。

結果：單一光子出發後，或者被 D_1 探測到，或者被 D_2 探測到。

量子的星際漂流

從打臉牛頓開始

Chapter 11

Chapter 12

Chapter 13

14 Chapter

Chapter 15

Chapter 16

Chapter 17

Chapter 18

Chapter 19

Chapter 20

對於大量光子的統計結果顯示，D_1 和 D_2 會各探測到光子總數的一半。這種情況下，我們可以認為 D_1 探測到的光子沿路徑 1 而來，D_2 探測到的光子沿路徑 2 而來。也就是說，可以判斷光子通過哪條路徑，光子呈現粒子性。

第二種情況：放置分光鏡 B_2。

通過路徑 1 來的光，有一半會被反射到 D_2，另一半則會直接透射到 D_1；而通過路徑 2 來的光，有一半會被反射到 D_1，另一半則會直接透射到 D_2。透過仔細擺放 B_2，可以使兩束射向 D_2 的光發生破壞性干涉，彼此抵消，而兩束射向 D_1 的光發生建設性干涉，彼此加強。

結果：單一光子出發後，只能被 D_1 探測到，而不會被 D_2 探測到。對於大量光子的統計結果顯示，所有光子都會被 D_1 探測到。這種情況下，每個光子好像都是同時沿著兩條軌跡運動，然後與自己發生干涉。也就是說，無法判斷光子通過哪條路徑，光子呈現波動性。

第三種情況：延遲放置分光鏡 B_2。

已知如果不放置 B_2，則可判斷光子路徑；如果放置 B_2，則無法判斷，現在我們進行延遲選擇實驗。光子出發後，按光速計算它到達分光鏡 B_1 的時間；等它通過 B_1 後，再隨機決定是否放置 B_2。也就是說，等我們做出決定時，光子已經離開 B_1 很遠了，但是它到 B_2 還有點距離，它還在途中。

結果：單一光子出發後，在它已經通過 B_1，還沒到達 B_2 之前，突然插入 B_2，這時光子只能被 D_1 探測到，顯示波動性。如果不插入 B_2，結果和上述第一種情況一樣，顯示粒子性。

這個結果實在是太匪夷所思了，光子的運動方式可以由人為測量改變：在它到達終點之前不插入 B_2，它就會沿兩條路徑之一運動，顯示粒子性；如果插入 B_2，它就同時經過兩條路徑，顯示波動性。在你插入 B_2 之前，雖然看起來它已經通過了 B_1，但實際上一切都不確定。

第四種情況：放置分光鏡 B_2，但用擋板把 B_1 和 M_2 之間的路徑擋住，使光子無法從路徑 2 通過。

結果：現在光子只有路徑 1 可走，於是從路徑 1 到達 B_2 的光子，有 50% 的機會透射，還有 50% 的機會被反射，兩個探測器都可能探測到光子，干涉消除了，光子成為沿著特定路徑運動的粒子。

如果你認為這個實驗延遲得還不夠，那麼下一個實驗一定會使你心服口服。

惠勒（J.A.Wheeler, 1911—2008 年），美國物理學家。1933 年，惠勒博士畢業一年後，來到丹麥哥本哈根，在波耳的指導下從事核物理研究。他與波耳一起發展出核分裂的「液滴模型」，為後來的核彈製造打下基礎。1941 年，惠勒參與了「曼哈頓計劃」，成了第一位研究核彈的美國人。1969 年，惠勒在紐約的一次會議上創造了「黑洞」一詞，從此傳播世界。他還創造了諸如「蟲洞」和「量子泡沫」等詞彙，成為物理學的重要術語。1979 年，他在普林斯頓大學紀念愛因斯坦 100 週年誕辰的討論會上，正式提出延遲選擇實驗的構思。作為一位出色的教育家，惠勒對於教育有特殊的理解。「大學裡為什麼要有學生？」惠勒說：「那是因為老師有不懂的東西，需要學生幫忙解答。」

量子的星際漂流

從打臉牛頓開始

11 Chapter

12 Chapter

13 Chapter

14 Chapter

15 Chapter

16 Chapter

17 Chapter

18 Chapter

19 Chapter

20 Chapter

14.4 量子擦除實驗

上述延遲選擇實驗是讓光子通過 B_1 後，選擇測量粒子性還是波動性，如果能讓光子通過 B_2 後再選擇，那就更刺激了，而物理學家居然真的做到了這一點。

1982 年，美國物理學家在延遲選擇實驗的基礎上，提出了一種「量子擦除」的實驗構想。1992 年，加州大學伯克利分校的保羅·科威特、埃弗雷姆·施坦格和雷蒙德·喬完善了這一裝置，並實現了這個實驗。量子擦除實驗比較複雜，其簡單的原理示意如圖 14-6 所示。

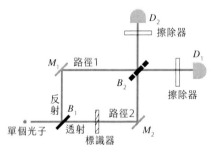

量子擦除實驗，是改良後的單光子延遲選擇實驗，它在其中一條路徑上加了一個起偏器（此處稱為標識器），然後在光子通過標識器後，隨機決定是否在探測器前加消偏器（稱為擦除器）

圖 14-6 量子擦除實驗裝置示意圖

該實驗仍然每次只有一個光子。通過路徑 2 的光會經過一個「標識器」，它是一台起偏器，會把從路徑 2 經過的光子標記上偏振。在分光鏡 B_2 與探測器 D_1 和 D_2 間，放置用來消除「標識器」所作標記的裝置，它們是兩台消偏器，稱為「擦除器」。因為路徑資訊被儲存在光子的偏振態中，可以用消偏器去掉。

實驗結果顯示：如果只有標識器而沒有擦除器，干涉就會消失。之所以這樣，是因為如果只有標識器，從路徑 2 經過的光子會帶有偏振資訊，無法和路徑 1 的光干涉；但是令人震驚的是：如果既存在標識器，又存在擦除器，干涉將會再次出現！加上擦除器之

後，儘管從路徑 2 經過的光帶有偏振資訊，但在到達最終的探測器之前，偏振資訊就已經被清除了，於是干涉就會再次產生。

要知道，擦除器是在 B_2 的後面，光子如果要干涉只能借助 B_2 來實現，現在已經過了 B_2，本應無法干涉了，居然因為加了擦除器而繼續干涉，這實在是太不可思議了！看來，雖然光子處於半路上，但只要前方有變化，它立刻就能「探測」出從起點出發以來的所有可能路徑，從而重新決定它最終的落點。

難道它發現偏振資訊被擦除後，能重新選擇歷史路徑嗎？難道時間會倒流嗎？

Chapter 15

幽靈般的超距作用：
纏結之謎

愛因斯坦可以說是量子力學的奠基人之一，但是他對機率論和測不準原理卻持反對態度。為了證明量子力學的不完備，他想方設法設計各種思想實驗來考驗量子力學。他發現量子力學在某些情況下，將兩個粒子分離至任意遠的距離，測量一個粒子能瞬間改變另一個粒子的狀態，且這種改變並不受光速的限制。愛因斯坦認為這絕對不可能，稱之為「幽靈般的超距作用」，以此來證明量子力學的不完備，結果到底如何呢？

15.1 波耳與愛因斯坦過招

愛因斯坦是量子理論的創立者之一，但他卻是堅定的決定論信奉者（參見 7.6 節），他堅信「上帝不會擲骰子」，認為量子力學的哥本哈根詮釋不完備，機率論和不確定性只是因為人們沒有能力了解自然的深層規律，而並非自然界本身的不確定。

愛因斯坦無法接受機率論，於是發起了強而有力的攻擊。他用他那天才的頭腦設計了好幾個思想實驗，企圖找出其中的漏洞；而作為哥本哈根詮釋的領軍人，波耳不得不迎難而上，見招拆招，兩人的論戰也成為物理史上的一段佳話。

二十世紀初，比利時富翁、發明純鹼製造方法的化學工業家歐內斯特·索爾維轉向物理研究，「發現」了一種關於重力與物質的學說，可是沒人對此感興趣。1910 年，德國著名化學家能斯特替索爾維出了個主意：如果出資召集最偉大的物理學家開一次研討會，就會有人聆聽他的理論了。索爾維大喜，真是個好主意！於是史上著名的索爾維會議應運而生。

1911 年 10 月末，第一次索爾維會議在比利時首都布魯塞爾舉辦。當時最著名的物理學家都收到了邀請，其中包括愛因斯坦、普朗克、居禮夫人、勞侖茲等人。有人出錢讓大家聚在一起開會探討科學前沿的問題，何樂而不為呢？於是所有人都參加了。

物理學家雖然對索爾維的「學說」仍舊不感興趣，但是他們就自己感興趣的話題——量子論熱烈討論，這次會議非常成功。在勞侖茲的幫助下，索爾維於 1912 年 5 月創建了一個效期 30 年的基金組織，定名為國際物理學協會。此後，索爾維會議每隔 3～5 年舉辦一次，成為當時物理學家的盛會。

量子的星際漂流
從打臉牛頓開始

Chapter 11
Chapter 12
Chapter 13
Chapter 14
Chapter 15
Chapter 16
Chapter 17
Chapter 18
Chapter 19
Chapter 20

圖 15-1　第五次索爾維會議與會者合影

普朗克、居禮夫人、洛侖茲、愛因斯坦在第一排，狄拉克、德布羅意、玻恩、波耳在第二排，薛丁格、包立、海森堡在第三排，你能找到他們嗎？

　　1927 年，在第五屆索爾維會議上（前面已經多次提到這次會議，圖 15-1 為該次會議的與會者合影），愛因斯坦和波耳之間的大論戰拉開了帷幕。在大家吃早餐時，愛因斯坦拋出了一個思想實驗：在雙狹縫干涉實驗中，把雙狹縫吊在彈簧上，他認為可以透過彈簧測量粒子穿過雙狹縫時的反作用力，從而確定粒子到底通過了哪道縫。

　　波耳花了一整天的時間思考，到晚餐時，他指出了愛因斯坦推理中的缺陷：若愛因斯坦的演示可行，就必須同時知道兩道狹縫的初始位置及其動量，而測不準原理限定了同時精確測定物體的位置和動量的可能性。透過簡單的運算，波耳能夠證明：這種不確定性將大到足以使愛因斯坦的演示實驗失敗。第一次過招，波耳勝了。

　　1930 年，在第六屆索爾維會議上，愛因斯坦捲土重來，向測不準原理挑戰。

　　前面已經介紹過，位置和動量具有不確定關係；後來人們發

現，時間和能量也存在不確定關係。如果在某一時刻 t 測量粒子的能量 E，那麼不確定度滿足以下關係：

$$\Delta t \cdot \Delta E \geq \frac{h}{4\pi}$$

此式表明，若粒子在某一能量狀態 E 只能停留 Δt 時間，那麼在這段時間內粒子的能量並非完全確定，它有一個彌散範圍；只有當粒子在某一能量狀態的停留時間為無限長時，它的能量才完全確定。也就是說，時間和能量不能同時精確測量。

愛因斯坦拋出這樣一個思想實驗：假設有一個密封的盒子，盒子裡有放射物，事先稱好盒子的質量。由一個事先設計好的鐘錶機器開啟盒上的小門，使一個光子逸出，再測盒的質量。兩次測得的質量差，剛好是光子的質量。根據 $E=mc^2$，就能算出光子能量。由於時間測量由鐘錶完成，光子能量測量由盒子的質量變化得出，所以二者相互獨立，測量的精確度不應互相制約，因而能量與時間之間的測不準原理不成立。

波耳驚呆了，一整天悶悶不樂，他說，假如愛因斯坦是對的，物理學的末日就到了。經過徹夜思考，他終於在愛因斯坦的推論中找到了一處破綻。

第二天，波耳在黑板上推導光盒實驗，而他用的理論竟是廣義相對論的重力紅移公式，盒子位置的變化會引起時間的膨脹，他竟然導出了能量與時間之間的不確定關係式（見圖 15-2）。波耳用相對論證明了測不準原理！可以說，測不準原理更讓人信服了。

這一回合，愛因斯坦被波耳用自己的成名絕技擊倒，他一定非常鬱悶。

1933 年的第七屆索爾維會議，愛因斯坦也參加了。他聽了波

量子的星際漂流
從打臉牛頓開始

Chapter
11

Chapter
12

Chapter
13

Chapter
14

Chapter
15

Chapter
16

Chapter
17

Chapter
18

Chapter
19

Chapter
20

耳關於量子論方面的發言，沒有發表任何評論。波耳暗自鬆了一口氣，以為愛因斯坦終於認輸了；殊不知，愛因斯坦頭腦中已經開始規劃一記重拳，他透漏了一些想法給另一位物理學家，但他並沒有把問題拋給波耳。也許他要完善思路，然後等待時機，一擊致命。

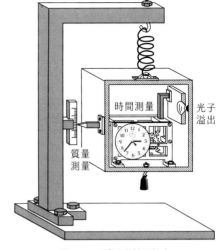

時間測量

光子溢出

質量測量

圖 15-2 愛因斯坦光盒

1962 年，波耳去世，他在黑板上留下的最後一幅圖，就是上面這幅愛因斯坦光盒的草圖

15.2 EPR 弔詭：纏結登場

希特勒上台後，愛因斯坦離開了德國。1933 年 10 月，他漂洋過海，到美國普林斯頓大學任職。在此，他終於擊出了那記籌劃已久的重拳。

1935 年 5 月，愛因斯坦和他的兩位同事波多斯基（Podolsky）、羅森（Rosen）合寫的一篇論文〈量子力學對物理實在性的描述是完備的嗎？〉發表在《物理評論》上，這篇論文的觀點後來以三位作者的首字母 EPR 命名，而被人們稱為 EPR 弔詭。

愛因斯坦在 1935 年致薛丁格的信中，說明了這篇論文的由來：

「因為語言問題，這篇論文在長時間討論後是由波多斯基執筆，我的意思並沒有被很好地表達出來。其實，最關鍵的問題反而在研究討

論的過程中被掩蓋了。」

雖然愛因斯坦這麼說，但是 EPR 論文中的觀點著實震動了量子力學界。

這篇論文所舉的例子確實比較複雜，我們在此不作討論，其中心思想是：根據量子力學可以導出，對於一對出發前有一定關係、但出發後完全失去聯繫的粒子，測量其中一個粒子竟然可以瞬間影響到任意距離外另一個粒子的屬性，即使二者間不存在任何連接。一個粒子影響另一個粒子竟然可以超過光速，愛因斯坦將其稱為「幽靈般的超距作用」，認為這根本不可能，以此來證明量子力學的不完備，薛丁格後來把兩個粒子的這種狀態命名為「纏結」。

根據量子力學，在測量之前粒子的屬性不確定，而人為的測量帶有隨機性，比如測量一個光子的偏振方向（見 9.3 節），那麼人為的隨機測量，會瞬間影響到遠在天邊、與之纏結的另一個光子偏振方向，這實在讓人難以置信，因此愛因斯坦的這記重拳確實勢大力沉。

波耳看到這篇文章後大驚失色，他立即放下手頭上一切工作，思索如何反駁 EPR 的論文；經過三個月的艱苦工作，波耳終於把回應 EPR 的論文提交給《物理評論》雜誌，他的論文題目和 EPR 論文題目一模一樣：〈量子力學對物理實在性的描述是完備的嗎？〉。

實際上，波耳的反駁是無力的，因為 EPR 的推論本來就沒有錯，波耳也承認這種推論結果的存在；不過，愛因斯坦認為這種結果根本不可能發生，而波耳認為可以發生，僅此而已。也就是說對於論文題目，EPR 給出的答案是「否」，而波耳給出的答案是「是」。

這樣的爭論不會有結果，只有用實驗來說話才最有力。可惜，纏結實驗太難做了，波耳和愛因斯坦都沒有在有生之年看到它，真是物理學界的一大憾事；而後來的實驗證明，「纏結」現象確實存在！

愛因斯坦在對量子力學的攻擊中，出拳一記比一記重，這些重拳卻都砸到自己身上，他的每一記重拳都讓量子力學得到一次證明自己的機會，無論那是多麼不可思議。

15.3 纏結的實驗證明

各種粒子都可以出現纏結，相對而言，光子的偏振最容易實驗，纏結的實驗檢驗就以此為基礎展開。

首先，我們需要一對纏結的光子。

對於某些特殊的激發態原子，電子從激發態經過連續兩次量子躍遷後返回基態，可以同時釋放出兩個沿相反方向飛出的光子，而且這個光子對的淨角動量為 0，這種光子稱為「孿生光子」，現代光學技術已經可以保證產生這樣的一對光子。

接下來就是實驗的關鍵部分了，我們要測量這對光子的偏振方向。

孿生光子產生後沿相反方向飛出，已經沒有任何聯繫；但因為它們的淨角動量為 0，所以從量子理論來講，如果你測量其中一個光子的偏振方向，另一個光子就必須和這個光子的偏振方向保持一致，否則就沒辦法維持淨角動量為 0。

這真是一個瘋狂的推論，要不愛因斯坦怎麼會不相信呢？這真

是讓人太難以置信了。要知道，你測量第一個光子的偏振時，偏光片角度是隨意擺放，這個光子的偏振方向完全由你主觀決定，另一個光子又怎麼會知道呢？

但是實驗結果表明，事實就是如此。實驗示意圖見圖 15-3。為了敘述方便，我們人為設定一個參考垂直方向。

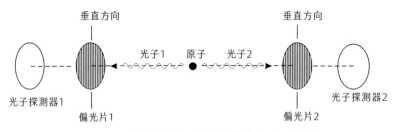

圖 15-3　驗證孿生光子處於纏結的實驗示意圖

為了避免光子事先「探測」到偏光片的方向，我們在兩個光子飛出後才擺放偏光片。雖然光速很快，但現在的實驗技術可以做到這一點。

好了，現在開始實驗。我們在光子 1 的前方放一片垂直方向的偏光片 1，等它到達偏光片 1 後，有以下幾種情況：

（1）光子 1 通過偏光片 1

這時，你在光子 2 的前方擺放偏光片 2。你會發現：如果偏光片 2 是垂直方向，光子 2 肯定能通過；如果偏光片 2 是水平方向，光子 2 肯定無法通過。

（2）光子 1 沒通過偏光片 1

這時，你在光子 2 的前方擺放偏光片 2。你會發現：如果偏光片 2 是垂直方向，光子 2 肯定無法通過；如果偏光片 2 是水平方向，光子 2 肯定能通過。

　　顯然，上述實驗結果表明，在光子 1 被測量偏振後，光子 2 的偏振瞬間也被確定，和光子 1 的偏振方向保持一致。

　　你可以把參考的垂直方向選為實際當中的任何方向，都不會影響實驗結果。這就證明了已經分開的兩個光子，確實還存在某種神祕聯繫的纏結狀態。

　　照理說，這個實驗已經能說明問題了，但人們還是不滿意。因為這個實驗中，偏光片 1 和偏光片 2 的夾角只有兩個：0°和 90°，而在這兩個角度下，這個實驗結果用隱變量理論也能證明。也就是說，這個實驗還是不能確認量子力學和隱變量理論誰是誰非。

　　那怎麼辦呢？

　　1964 年，英國科學家約翰·貝爾（John Bell）提出了一個強而有力的數學不等式，人們稱之為貝爾不等式。有了這個不等式物理學家就可以檢驗，大自然是根據量子力學預言的「幽靈般的超距作用」運作，還是根據愛因斯坦支持的隱變量運作。

　　在貝爾不等式裡，偏光片 1 和偏光片 2 的夾角可以任意，如果這兩個光子按隱變量運作，出發時偏振方向就確定了，會滿足此不等式；而如果這兩個光子按量子力學運作，出發時偏振方向不確定，處於疊加態，則不滿足此不等式。

　　為了驗證貝爾不等式是否成立，需要改變兩個偏光片的夾角，讓它們的夾角在- 90°～ 90°的範圍內任意變化。實驗示意圖見圖 15-4。量子力學和隱變量理論之間的差別非常微小，研究者只有在精確測量光子在不同偏振角度下的偏振相關度後（見圖 15-5），才能判斷哪一種理論是正確。

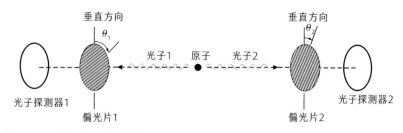

圖 15-4 檢驗貝爾不等式的實驗示意圖，改變兩個偏光片的角度，偏光片 1 旋轉角度 θ_1，偏光片 2 旋轉角度 θ_2，檢測光子對在不同偏振角度下的偏振相關度

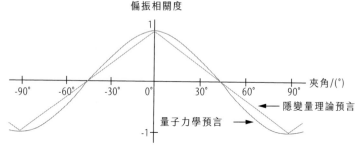

圖 15-5 量子力學和隱變量理論預言的偏振相關度曲線，直線對應隱變量理論，曲線對應量子力學

這一實驗的難度顯然更大，但是實驗物理學家總是能想辦法做到。經過艱苦努力，實驗終於成功了，結果是：貝爾不等式不成立！

1972 年，美國科學家克勞瑟和弗里德曼首先用實驗證明了貝爾不等式不成立。到了 1970 年代末、1980 年代初，法國物理學家阿蘭・阿斯佩（Alain Aspect）又做了一系列更精確、實驗條件更苛刻的實驗，他設計出的裝置能以每秒 2500 萬次的速度變換偏光片方向。實驗結果確切證明了貝爾不等式不成立；更關鍵的是，實驗數據與量子力學的預言一致，隱變量理論輸給了量子力學。

也就是說，孿生光子出發後處於疊加態，而當人為隨意地測量其中一個光子，使其變為確定態後，不管空間相隔多遠，另一個光

從打臉牛頓開始　量子的星際漂流

Chapter 11
Chapter 12
Chapter 13
Chapter 14
Chapter 15
Chapter 16
Chapter 17
Chapter 18
Chapter 19
Chapter 20

子也瞬間變為與之相同的確定態，雖然二者看上去早已沒有任何物理力的聯繫。

雖然量子力學勝利了，但纏結仍然是不可思議的現象。人的主觀測量在纏結中的作用該如何理解？也許我們只能承認它、利用它，而無法理解它。

15.4 GHZ 三粒子纏結

雙粒子纏結現象發現以後，人們自然而然地想到了多粒子纏結的可能性。

1980 年代末，美國物理學家格林伯格（Greenberger）、霍恩（Horne）和奧地利物理學家蔡林格（Zeilinger）提出了三粒子纏結現象，以其名字的首字母命名為「GHZ 三粒子纏結」。1990 年，他們發表了題為〈沒有不等式的貝爾定理〉的論文，指出：三個或三個以上粒子的纏結，只可能在量子力學的框架下出現，它和隱變量理論不相容，這被稱為「GHZ 定理」。也就是說，只需要測量一次三粒子纏結，就可以判斷量子力學和隱變量誰是誰非。貝爾不等式需要測量大量粒子，用統計平均值來檢驗不等式是否成立，而多粒子纏結則不需要這麼麻煩。

那麼如何再生成三個相互纏結的光子呢？1997 年，蔡林格的研究團隊提出一個方案：把兩對纏結光子對放入某種實驗裝置中，令「光子對 1」中的一個光子，跟「光子對 2」中的一個光子纏結（即令二者變得無法區分），二者構成新的纏結關係；俘獲這個新的纏結光子對中的一個光子，則剩餘的三個光子便會彼此纏結。2000 年，在該團隊工作的潘建偉等人首次實現了三光子纏結，驗證了GHZ 定理，量子力學又取得一次勝利。

▌15.5 量子隱形傳態：超空間傳送能實現嗎？

纏結最吸引人的應用莫過於量子隱形傳態了。

量子隱形傳態，是指將甲地的某一粒子的未知量子態，在乙地的另一粒子還原。在量子纏結的幫助下，待傳輸的量子態如同科幻小說中描寫的「超空間傳送」，在一個地方神祕地消失，不需要任何載體的攜帶，又在另一個地方神祕地出現。

1982 年，物理學家 Wootters 發表題為〈單量子態不可複製〉的論文，證明完全相同的複製任意一個未知的量子態不可能實現，這被稱為「量子態不可複製原理」。其實這並不難理解，「複製」是在不損壞原有量子態的前提下，再造一個相同的量子態，任何一個量子態都處於疊加態，這是一種完全不確定的狀態，想複製它就得測量它，一測量就會變成確定態，它就被破壞了，又如何能複製呢？

1993 年，Bennett 等六位科學家，聯合發表了一篇題為〈由古典和 EPR 通道傳送未知量子態〉的論文，開創了研究量子隱形傳態的先河，也激發了人們對量子隱形傳態的研究興趣。

因為測不準原理和量子態不可複製原理的限制，我們不能精確的提取原量子態的所有資訊，因此必須將原量子態的所有資訊分為古典資訊和量子資訊兩部分，它們分別由古典通道和量子通道送到乙地。古典資訊透過發送者測量原物獲得，量子資訊是發送者在測量中未提取的其餘資訊。在此過程中，量子資訊的傳遞必須透過纏結完成。接收者在獲得這兩種資訊後，就可以在乙地構造出原量子態的全貌。

其簡單原理如圖 15-6 所示。粒子 2 和粒子 3 是一對纏結粒子，粒子 1 是需要傳態的原物粒子。在甲地測量後，在粒子 1 與粒子 2

之間建立聯繫，粒子 1 的量子資訊透過粒子 2 和粒子 3 的纏結被傳送到粒子 3，經過與古典資訊組合之後，粒子 3 被構造成粒子 1 的量子態。在此過程中，發送者對粒子 1 的量子態一無所知，隱形傳態完成後，粒子 1 的量子態就被破壞了。

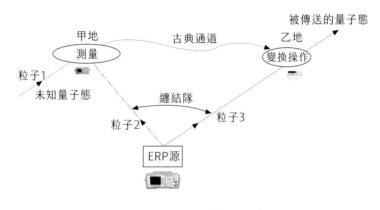

圖 15-6　量子隱形傳態原理示意圖

因為量子隱形傳態需要借助古典通道才能實現，因此並不能實現超光速通訊。

1997 年，奧地利的蔡林格研究團隊（潘建偉也參與了該項研究），首次完成了量子隱形傳態的原理性實驗驗證，成功地將一個量子態從甲地的光子傳送到乙地的光子上，成為量子資訊實驗領域的經典之作；隨後，各國科學家如火如荼地開展了各種量子隱形傳態實驗。2012 年，中國科技大學和中國科學院組成以潘建偉為首的聯合研究團隊，在青海湖首次成功實現了百公里級的自由空間量子隱形傳態。

量子隱形傳態最容易引起人們遐想的地方，莫過於它是否可以遠距離傳送人，畢竟人也是由微粒組成，儘管數量大到近乎天文數字。其設想是：是否可以把一個人身上所有粒子的量子資訊，傳遞到另一地的粒子上重組人體？這個設想已經超越了現階段物理學家

的能力範圍，要想得到解答，可能得等幾百、甚至幾千年以後吧。

Chapter **16**

原子內部的世界

量子力學的研究對象集中在微觀領域，所以對微觀世界的
探索和量子力學的發展相互聯繫。原子的發現是科學史上
一大進步，然而原子並非物質基本結構的最小單位，原子
內部的世界很精彩奇妙，而量子力學在探索原子內部結構
上有舉足輕重的地位。

▌**16.1 古人的物質組成觀點**

亞里斯多德認為，自然界由四種基本元素組成：土、氣、水、火。而在這些元素上又作用著兩種力：重力，即土和水向下沉的那種力；浮力，即氣和火向上升的那種力。亞里斯多德這種將宇宙分割成物質和力的方法，直到今天還在沿襲，也就是我們所說的基本粒子和基本交互作用。

但是亞里斯多德認為，我們可以將物質無限分割，找不到不可再分割的最小顆粒。

亞里斯多德這個觀點可以稱之為「無窮分割思想」，中國古代部分哲學家也持這種觀點，如戰國時期的公孫龍（約西元前 350—西元前 320）曾說過「一尺之棰，日取其半，萬世不竭」，這句話也被莊子引述在《莊子》一書中。

可是還有幾個古希臘哲學家，比如德謨克利特（Democritus）等人，他們的觀點則和亞里斯多德相反，認為物質有固有的最小顆粒性，每一件東西其實都是由數量龐大、類型不同的最小顆粒組成，他們把這種最小顆粒稱為原子，原子在希臘文中的意義是「不可分割的」。

德謨克利特（西元前 460—西元前 370）這樣說：我手裡有一顆蘋果，如果我吃掉一半，則還有一半；如果再吃一半，則還剩四分之一；然後是八分之一，接著是十六分之一。只要我喜歡，是否我可以不斷吃下去呢？不！最終會達到一個極限，不能再分割。這個不能再被分割的部分，稱為原子。

德謨克利特這種原子論思想並非獨有，中國古代部分哲學家也論述過這種觀點。戰國時期《墨子》一書中講到「端，體之無序最前者也」、「端是無同也」，意思是說，「端」（即原子的概念）是物

體不可分割（「體之無序」）的最小單位（「最前者」）。由於「端」裡沒有共同的東西（「無同」），所以不可分割，古人把這種不能分割的最小的單位叫「無內」、「莫破」。

對於物質是否存在最小結構單位的爭論延續了上千年，卻沒有任何一方能拿出實際的證據，所以只能停留在哲學層面上的探討。

16.2 原子論的勝利

1803 年，英國化學家約翰·道爾頓發現：在化學反應中，參與反應的物質總是按照一定的比例組合。他認為這一事實只能用原子聚合成分子解釋，故提出物質存在著基本組成單位──原子。1808 年，他出版了《化學哲學新體系》一書，指出不同單質（由同種元素組成的純物質）由不同質量的原子組成。他認為原子是一個個堅硬的小球，就像撞球一樣，當然，原子比撞球小得多。

雖然原子理論對於確定氣體或化學反應的屬性非常成功，但人們卻無法直接證明原子的存在，所以有些科學家並不認同原子論，認為那超越了測量的尺度，根本就沒有辦法認識。

1827 年，蘇格蘭植物學家羅伯特·布朗發現：水中的花粉及其他微小懸浮顆粒不停地作不規則折線運動，人們稱之為布朗運動，但而後長達幾十年的時間人們都不清楚其中的原理；五十年後，J·德耳索提出這些微小顆粒，可能是受到周圍分子的不平衡碰撞而導致布朗運動，但只是猜測，並沒有具體的理論論證。

1905 年，愛因斯坦發表了一篇論文證明：正是大量水分子的無規則熱運動導致布朗運動。他根據擴散方程式建立了布朗運動的統計理論，成功解釋了布朗運動的規律，該理論也成為分子運動

論和統計物理學發展的基礎。愛因斯坦對布朗運動的解釋，是原子論一個重要的物理學證據，由此，原子論終於得到科學界的完全認可。

當時人們的原子論是這樣：元素是簡單物質的極限；元素由原子構成；原子是組成物質的最小單位；原子是微小、不可分割的小球，它的直徑僅是千萬分之一毫米；原子像微觀撞球一樣在空間飛舞、相互碰撞，從而結合成分子。

在此不得不插一句，愛因斯坦實在太偉大了！他在 1905 年發表的三篇論文，每一篇都有獲得諾貝爾獎的水準，分別是：狹義相對論、布朗運動統計理論、解釋光電效應的光量子理論。他在 1916 年建立的廣義相對論，也絕對能當之無愧地獲得諾貝爾獎。可惜的是，他只獲得了一次諾貝爾獎——光量子理論，因為他的相對論已經超出了當時人們的理解範圍，所謂曲高和寡就是這樣吧！

如今，當人們在太空中觀察到各種符合相對論的現象時，不由得會驚嘆愛因斯坦的神奇，說他是世界上最偉大的科學家一點都不為過。

▌16.3 原子還不是最小

1896 年，法國科學家貝克勒爾發現鈾及其化合物能放出一種看不見的射線。1897 年，巴黎大學的居禮夫人開始研究這個現象，她篩選了大量的化學物質後，發現釷及其化合物也能放出類似的射線。她由此斷定這是某一類元素的特性，提議將這種現象稱為放射性。接著，她的篩選又擴大到了天然礦物，最後發現：瀝青鈾礦的放射性，比鈾或釷的放射性強很多。

居禮夫人斷定瀝青鈾礦中含有放射性極高的新元素，決定追根究柢。她的丈夫皮耶·居禮也加入妻子的研究。1898 年 7 月，他們從瀝青鈾礦中，分離出比鈾的放射性強 400 倍的物質，是一種新元素的硫化物，居禮夫人把這種新元素命名為 Polonium（釙），以紀念她的祖國波蘭。

發現釙以後，居禮夫婦再接再厲。1898 年 12 月，他們又從瀝青鈾礦中，分離出放射性比鈾強 900 倍的物質，光譜分析表明，這種物質由大量鋇化合物與一種新元素化合物混合而成，放射性正是這種新元素所致。他們把新元素命名為 Radium（鐳），源於拉丁文 radius，意為「射線」。

為了提取出金屬鐳，居禮夫婦在一個簡陋的棚屋裡展開艱苦的提煉工作。因為 1t 瀝青鈾礦中只含有 0.36g 鐳，所以他們從 1899 年到 1902 年辛勤工作了四年，才終於從 4t 鈾礦殘渣中製取了 0.1g 氯化鐳。1906 年，皮耶·居禮遇車禍身亡。1910 年，居禮夫人和德貝恩合作，用電解氯化鐳的方法製作出金屬鐳。

因為放射性現象的發現，居禮夫婦與貝克勒爾共享了 1903 年的諾貝爾物理學獎。居禮夫人後來又因為分離出純金屬鐳而獲得 1911 年的諾貝爾化學獎。居禮夫人兩獲諾貝爾獎當然當之無愧，但相比之下，諾貝爾獎或許對愛因斯坦太吝嗇了一些。

鐳射線的強度是鈾的幾百萬倍，能產生極強的光和熱，其光亮甚至強到可以看書，並灼傷人的皮膚。如此強的放射性引起了人們的關注，許多科學家滿懷熱情地投入到這一新現象的研究。不久，拉塞福發現鐳射線是由 α 射線、β 射線和 γ 射線所組成，其中 α 射線、β 射線是帶電的粒子流（現在我們知道，α 射線是氦原子核，β 射線是電子），γ 射線是光子流。如圖 16-1 所示。

原子永恆不變、不可分割的說法被打破了，原子竟會放出 α 粒子、β 粒子，原子內部竟然隱藏著另一個世界！

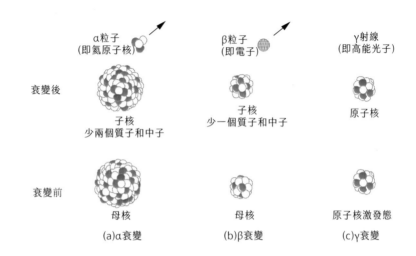

圖 16-1 原子核衰變的三種方式，它們所包含的放射性，是指某些元素的原子核能自發地放出射線，衰變成穩定的元素

16.4 原子內部結構

1897 年，英國物理學家湯姆森，透過研究氣體的放電現象發現了電子。他測定了電子的荷質比，從而確定電子是一種基本粒子，率先打開通往基本粒子物理學的大門。

也許我們會把電子想像成一個像小圓球一樣的粒子，但是沒有任何證據表明電子是小圓球，而到現在人們也沒有測出電子的半徑，只知道它小於 10^{-19}m，甚至從某種意義上來說，可以將其看作一種沒有體積的點粒子。

1909 年，英國物理學家拉塞福和他的學生馬斯頓在研究 α 粒子的散射實驗時，用準直（Collimation）的 α 射線轟擊厚度為 4 微

從打臉牛頓開始

量子的星際漂流

11 Chapter
12 Chapter
13 Chapter
14 Chapter
15 Chapter
16 Chapter
17 Chapter
18 Chapter
19 Chapter
20 Chapter

米的金箔，發現絕大多數的 α 粒子都直穿過薄金箔，偏轉很小，但有少數 α 粒子的偏轉角度大很多，大約有 1/8000 的 α 粒子偏轉角大於 90°，甚至觀察到偏轉角等於 150°的散射，拉塞福後來回憶說：

「這是我一生中從未有的、最難以置信的事，好比你對一張紙發射一發砲彈，結果反彈打到自己身上……」

由此，拉塞福認為：原子幾乎全部的質量和正電荷，都集中在原子中心一個很小的區域，α 粒子才有可能大角度散射。於是他在 1911 年提出了原子核結構模型。1913 年，他出版了《放射性物質及其放射》一書，再次介紹了他的原子模型理論，並第一次使用了「原子核」這個詞。他判斷原子核帶正電，原子核又由帶負電的電子包圍，這一設想後來得到證實。

1918 年，拉塞福用 α 粒子轟擊氮原子核，注意到在使用 α 粒子轟擊氮氣時，他的閃爍體探測器記錄到氫原子核的跡象。拉塞福意識到這些氫核唯一可能的來源是氮原子，因此氮原子必定含有氫核。他因此建議原子序為 1 的氫原子核是一個基本粒子，於是質子也被發現。質子被命名為 proton，這個單字源於希臘文中的「第一」。

拉塞福發現質子以後，當時人們都認為原子核是由質子和電子組成。但是 1932 年，英國物理學家查兌克，證實了原子中有中性粒子——中子的存在，並測定了中子的質量；同年，德國物理學家海森堡獲悉查兌克的發現，把名為〈關於原子核的結構〉的論文遞交給《物理學雜誌》，提出原子核並不像人們所設想的那樣由質子和電子組成，而是由質子和中子組成。

質子和中子的質量差不多，但它們比電子重很多，是電子質量的 1800 多倍，原子核占據了整個原子質量的 99.99% 以上，而原子

核卻非常非常小，如果把原子放大到一個足球場那麼大，那原子核也只有綠豆那麼小！

根據新的設想，原子核內不再有電子。儘管如此，仍然存在著一個問題：為什麼在如此小的空間裡，多個質子不會由於電荷間的同性相斥而產生波動？

這個問題後來人們解決了，是因為原子核內的粒子間，存在一種強交互作用力——強力，強力是四種基本交互作用之一。強力是短程力，作用範圍只在原子核的尺度，超出這個尺度便迅速衰減為零。在原子核尺度內強力比電磁力大得多，所以質子之間不會互相排斥，就是強力的存在才能維持原子核的穩定。

之後很長時間，人們一直以為質子和中子就是「基本」粒子，直到夸克被發現。

16.5 原子結構的初期模型

1911 年，拉塞福發現原子核後，提出了原子的太陽系模型。他把原子類比為一個微型的太陽系，電子被帶正電的原子核吸引，圍繞原子核的軌域運動，就像行星圍繞太陽運行一樣。這個模型在當時來說已經是巨大的進步，但是在古典物理學框架內，這個模型有很大的問題。按古典理論，電子在繞核運動的途中會釋放能量，軌域也會逐漸變小，最後掉到原子核上。但實際上，這些情況都沒有發生。

幸好當時已經提出量子理論。1913 年，波耳提出一個新的原子結構模型（見圖 16-2），它仍然是電子繞原子核運動的軌域圖，但此模型提出的兩個假設奠定了原子結構的量子理論基礎：

(1) 定態假設：原子系統只能處在一系列不連續的能量狀態，在這些狀態中，雖然電子繞核運轉，但並不輻射電磁波，這些狀態稱為原子的定態，定態所對應的能量稱為能階。

(2) 能階躍遷假設：當原子從一個定態躍遷到另一個定態時，原子才會發射或吸收特定頻率的光子。

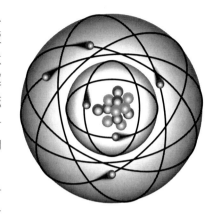

圖 16-2　波耳原子模型示意圖

　　波耳模型成功地解釋了氫原子光譜，計算值也與實驗值相吻合。但是，如果把波耳模型推廣到多電子原子時，即使是只有兩個電子的氦原子，計算結果也與光譜實驗相差甚遠，說明這個模型還很不完備。

　　1916 年，德國物理學家索末菲，全面發展了波耳的量子理論。他主要做了兩件事：把波耳的圓形軌域推廣成橢圓軌域、引入了相對論修正。

　　當時人們已經觀察到，原子的某些特徵譜線是由一些波長非常接近的譜線疊加而成，這些譜線構成了原子譜線的精細結構。

　　索末菲模型對氫原子光譜精細結構的計算，與實驗值驚人一致，被人們看成是一大勝利。隨後幾年，人們利用該模型描述鹼金屬光譜。雖然這一進展大力推動了光譜學的研究，但是人們在這種半古典半量子化模型的道路上卻越走越艱難，其原因現在看來不言自明。電子在原子內的運動具有明顯的波粒二象性，而古典的運動

軌域完全沒有反映出波動性，顯然也不可能正確反映原子結構。

直到 1926 年，薛丁格用他新建的量子力學理論，重新解釋了原子結構，真正解開了原子結構之謎，量子力學可以完美解釋各種原子的光譜現象，人們終於徹底放棄了古典軌域的概念。

現在我們知道，原子中的電子並無任何明確、連續、可追蹤、可預測的軌域可循，它們只能以一定的機率分布規律，出現在原子核周圍的空間區域。在量子力學中，用波函數描述原子中電子的運動狀態，這樣的波函數稱為原子軌域，但它並不具有古典力學中運動軌域的含義，只不過是借用「軌域」兩個字罷了。

16.6 電子雲：電子在哪？

1926 年，薛丁格建立了其量子力學體系——波動力學。波動力學的核心就是薛丁格方程式，透過求解原子的薛丁格方程式，可以解出電子的能階和波函數。雖然與古典軌域沒有任何相同之處，但人們仍然沿用「原子軌域」這個名稱來稱呼原子中電子的波函數。在求解薛丁格方程式的過程中，自然就得到了原子能量量子化的結論，而不必像波耳那樣人為的硬性規定。對解出來的波函數 ψ 作圖，就能知道電子的運動狀態。

氫原子能夠以薛丁格方程式精確求解，正是從它身上，薛丁格揭開了原子結構的奧祕。

求解薛丁格方程式後，氫原子中的電子運動狀態由三個量子數決定：主量子數 n、角量子數 l 和磁量子數 m。所以電子的波函數記為 ψ_{nlm}，不同的 n、l、m 對應不同的波函數（即不同的軌域），用不同的標號標記。表 16-1 列出了一些常見的軌域標號。

量子的星際漂流

從打臉牛頓開始

Chapter 11
Chapter 12
Chapter 13
Chapter 14
Chapter 15
Chapter 16
Chapter 17
Chapter 18
Chapter 19
Chapter 20

表 16-1　常見原子軌域（即單電子波函數）的軌域標號

n	l	m	軌域標號
1	0	0	1s
2	0	0	2s
	1	0	2pz
	1	±1	2px 和 2py
3	0	0	3s
	1	0	3pz
	1	±1	3px 和 3py
	2	0	3dz²
	2	±1	3dxz 和 3dyz
	2	±2	3dx²-y² 和 3dxy

薛丁格方程式解得氫原子中電子能階如下：

$$E_n = -\frac{1}{n^2} \times 13.6\text{eV}$$（主量子數 n=1, 2, 3,…）

能量取負值，是因為將電子離核無窮遠時的位能定為 0。

當 n=1 時，E_1=‐13.6eV，此時波函數 ψ_{nlm} 有 1 個解，此能階上電子有 1 種運動狀態（ψ_{1s}）；

當 n=2 時，E_2=‐3.40eV，此時波函數 ψ_{nlm} 有 4 個解，此能階上電子有 4 種運動狀態（ψ_{2s}、ψ_{2p_x}、ψ_{2p_y}、ψ_{2p_z}）；

當 n=3 時，E_3=‐1.51eV，此時波函數 ψ_{nlm} 有 9 個解，此能階上電子有 9 種運動狀態（1 個 3s、3 個 3p 以及 5 個 3d 軌域）；

…

顯然，能量量子化。n 越大，電子能階越高，運動狀態越多

（n^2 種）。

氫原子中只有一個電子，那麼這個電子在基態時處於能量最低的 E_1 對應的 ψ_{1s} 軌域上，而處於激發態時，則可躍遷至更高能量的軌域。

我們已經知道，電子的波函數 ψ 是一種機率振幅，波函數的平方 ψ^2 代表在空間某點發現電子的機率密度（見 7.2 節，電子波函數是實函數）。所以我們在空間作圖波函數的平方 ψ_{1s}、ψ_{2s}，就能看出每一種運動狀態下，電子在原子核周圍空間的機率密度分布。ψ^2 函數圖形就是我們常說的「電子雲」。

圖 16-3 展示了幾種原子軌域的電子雲圖。電子雲圖本來是分布在原子核周圍的三維空間圖形，但為了觀察方便，圖中展示的是通過原子核的二維截面。圖中亮度的大小，表示電子在這些地方出現的機率密度的大小，越亮的地方機率密度越大，越暗的地方機率密度越小。

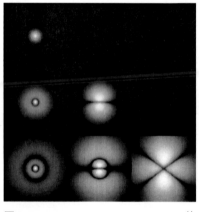

圖 16-3 1s、2s、2p$_z$、3s、3p$_z$、3d$_{z^2}$ 軌域的電子雲圖
完整圖像為空間圖形，可把上圖繞 z 軸旋轉一周得到（原子核為座標原點，x 軸、z 軸如圖所示，y 軸為垂直於紙面方向）

每一個軌域展示的是電子的一種運動狀態，在這種運動狀態下（或者說在這個軌域上），電子可能出現在圖中亮度不為零的任意一點，並且不斷變換位置，一下出現在這，一下出現在那，完全沒辦法預測它下一個時刻出現在哪一點，只能透過機率大致判斷，它在哪出現的機會比較大。需要說明的是：機率密度分布和機率分布不一樣，機率密度最大的地

量子的星際漂流 從打臉牛頓開始

Chapter 11
Chapter 12
Chapter 13
Chapter 14
Chapter 15
Chapter 16
Chapter 17
Chapter 18
Chapter 19
Chapter 20

方機率不一定最大，但是機率密度為零的地方機率肯定為零。

從電子雲圖可以看出，電子完全沒有任何明確、連續、可追蹤、可預測的古典力學軌域可循，這實際上也是測不準原理的必然結果，由於座標與相應的動量分量不可能同時精確測定，所以原子中的電子不可能有確切的軌域。

16.7 電子雲節面之謎

在電子雲圖中，除 1s 軌域外，其他軌域都有節面。

在原子軌域波函數中，存在 $\psi=0$ 的面，這些面就叫節面。節面可以是平面、球面、錐面或其他曲面。因為 $\psi=0$，所以 $\psi^2=0$，所以電子在節面上出現的機率密度為零，也就是說，電子不會在這些面上出現。

我們來看看圖 16-3 中，幾個軌域的電子雲圖節面，也就是圖中完全為黑色、亮度為零的面。表 16-2 列出了節面的具體形狀和位置。

表 16-2 常見原子軌域的節面

軌域	節面	節面數
1s	無	0
2s	一個球面	1
2p$_z$	xy 平面	1
3s	兩個球面	2
3p$_z$	xy 平面和一個球面	2
3d$_{z^2}$	繞 z 軸旋轉對稱的兩個圓錐面，其頂點都在原子核上	2

如果仔細思考一下，就會發現一個無法理解的問題：電子如何

通過節面？

我們以 2s 軌域為例。2s 軌域有一個球形節面，就像一個足球球殼一樣把空間分成裡外兩部分，電子一下在足球內出現，一下在足球外出現，但是它卻不出現在足球球殼（節面）上，那它怎麼通過節面？

如果電子以古典的運動方式從節面內運動到節面外，那它必然要穿過節面，節面上電子出現的機率就不可能為零，所以，我們只能說電子沒有運動軌跡，只有機率分布的規律。但是這種說法實在是無奈之舉，只能描述現象而無法解決問題，至於神通廣大的電子到底如何運動，誰也說不清楚。

有人說，各個軌域的節面位置不一樣，電子是不是先躍遷到別的軌域，再躍遷回來，這不就通過節面了嗎？但是，電子躍遷會吸收或放出光子，而電子在某個軌域上運動時並不吸收或放出光子，所以這個解釋行不通。

或者，電子是從四維空間穿越過去？類比一下，如果電子只能在一條直線上運動，直線上有一個節點，電子怎麼能不通過節點就出現在節點兩側呢？通過二維空間跳躍，看起來是個不錯的想法。

再或者，電子不斷和真空交換能量，故不斷地消失和出現？現在人們已經認識到，真空中會不斷產生、湮滅和相互轉化各種虛粒子對，稱為真空漲落（見第 19 章）。如果電子從某一點將能量注入真空，此能量又從真空中另一點激發出電子，那麼電子就可以像鬼魅一樣到處閃現了。

總之，對於熟悉宏觀世界的人類來說，原子電子雲圖中的節面是一個令人捉摸不透的謎團。

從
打
臉
牛
頓
開
始

量
子
的
星
際
漂
流

11 Chapter

12 Chapter

13 Chapter

14 Chapter

15 Chapter

16 Chapter

17 Chapter

18 Chapter

19 Chapter

20 Chapter

16.8 電子的自旋

　　薛丁格方程式解出來的波函數 ψ_{nlm}，雖然精彩描述了原子中電子的運動狀態，但人們從一個實驗中發現，ψ_{nlm} 並不能完整描述電子狀態，這個實驗就是斯特恩-革拉赫實驗。

　　斯特恩-革拉赫實驗是德國物理學家斯特恩和革拉赫於 1921 年到 1922 年期間完成的一個實驗。如圖 16-4 所示，令高溫的氫原子（最初實驗用的是銀原子，氫原子和銀原子原理相同，而我們用氫原子簡單討論）從高溫爐中射出，經狹縫準直後，形成一個原子射線束，而後氫原子射線束通過一個不均勻的磁場區域，射線束因磁場偏折，最後落在玻璃屏上。

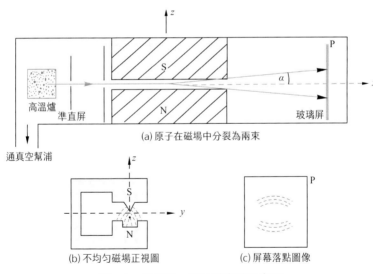

圖 16-4 斯特恩－革拉赫實驗示意圖

　　基態氫原子只有一個 1s 電子，高溫爐中的溫度也不足以激發基態的氫原子。按照薛丁格方程式的計算結果，1s 電子的軌域角動量為零，至於什麼是角動量我們可以不去管，只要知道在物理學中可以證明，電子有角動量必有磁矩，有磁矩必有角動量。

　　既然 1s 電子的軌域角動量為零，那麼氫原子的磁矩就應該為零，也就是説，這一束氫原子應該直接穿過磁場，落在屏幕中間（原子核的磁矩很小，可以忽略）。可是實驗結果卻是，氫原子在磁場中明顯分裂為上、下兩束，顯然電子磁矩不但不為零，還有兩種取向。

　　實驗顯示，原子中不只有軌域角動量，還應當有其他形式的角動量。解決方案是引入電子自旋運動，自旋角動量可以根據實驗值確定，並引入一個新的量子數：自旋量子數 s。電子的自旋量子數為 1/2。

　　自旋角動量在磁場方向的分量，由自旋磁量子數 m_s 決定，電子的 $m_s=\pm 1/2$ 對應著兩種自旋狀態。習慣上稱為自旋向上（$m_s=1/2$）和自旋向下（$m_s=-1/2$）。氫原子的 1s 電子就是由於存在自旋向上和自旋向下兩種狀態，才會在磁場中分裂為上、下兩束。

　　所以一個電子的運動狀態，應該由軌域運動 ψ_{nlm} 和自旋運動合併描述，才是一個完整的描述。

　　需要説明的是，就像軌域運動沒有運動軌跡一樣，自旋運動也不是電子本身的轉動。首先，電子本身很可能是沒有體積的點粒子；其次，如果把電子自旋考慮為有限大小的剛體繞自身的轉動，不但無法解釋斯特恩-革拉赫實驗，而且電子表面的切線速度將超過光速，與相對論矛盾。

　　因此自旋與質量、電荷一樣，是基本粒子的內稟性質，自旋向上和向下，可以類比於電荷的正負，而自旋導致的物理現象就是純粹的量子力學效應。

量子的星際漂流
從打臉牛頓開始

11 Chapter
12 Chapter
13 Chapter
14 Chapter
15 Chapter
16 Chapter
17 Chapter
18 Chapter
19 Chapter
20 Chapter

▎16.9 電子自旋之謎

在 16.8 節我們看到，氫原子在上下布置的不均勻磁場中分裂為兩束，一束朝上偏轉，即自旋向上；一束朝下偏轉，即自旋向下。

現在，假如我們選擇通過磁場後，朝上偏轉的那一束原子，並讓它穿過另一個上下布置的相同磁場（見圖 16-5），顯然，那些朝上偏轉的原子，在第二台裝置中會繼續朝上偏轉，但不再能分裂成兩束。這正符合我們的預期，因為我們可以信心滿滿地說，它們的電子都是「自旋向上」，當然不會再出現「自旋向下」的情況。

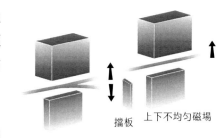

擋板　上下不均勻磁場

上下不均勻磁場

圖 16-5　自旋向上的電子通過相同方向的磁場還是自旋向上

現在來討論一個看似簡單的問題：如果使第二台裝置旋轉 90°，變成水平布置的磁場，將會發生什麼現象？

你可能會想，水平磁場？嗯，那它應該朝水平方向偏轉吧，向左或者向右，總之不管左還是右，只能朝一個方向偏轉，畢竟它們是一束自旋相同的原子。

但是，你錯了！

這束「自旋向上」的原子竟然會被平均分成兩束，一束向左偏轉，另一束向右偏轉（見圖 16-6）！而且我們不得不尷尬地將左、右兩束繼續稱為「自旋向上」和「自旋向下」。

如果第二個磁場和第一個磁場不是成 90°角，而只是偏轉一定

角度，原子束也會分裂成兩半，不過不是平均分裂，其機率分布偏轉會隨角度變化。

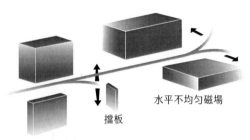

水平不均勻磁場

擋板

上下不均勻磁場

圖 16-6 自旋向上的電子通過旋轉 90°的磁場分裂成兩束

換言之，儘管我們已經確定所有原子都處在相同的自旋狀態，但當它們通過另一台轉動了一定角度的斯特恩-革拉赫裝置後，它們將不得不「重新取向」。

顯然，如果這時選擇來自第二台裝置左側或右側的原子束，並且引導它穿過另一個上下布置的磁場，它將再次分成朝上偏轉和朝下偏轉的兩束。

不可思議是嗎？事實就是如此。

費曼在其《物理學講義》中，將以上結果歸納為量子力學的一條基本原理：任何原子體系都可以透過過濾，將其分解為某一組所謂的基礎態，在任一給定的基礎態中，原子未來的行為只依賴於基礎態的性質——而與其以前的任何歷史無關。

這個例子也充分體現了測量者的作用，你可以透過重新測量，讓上一次測量中「自旋向上」的電子變為「自旋向下」。對意識論的支持者來說，這似乎是個絕佳的例子。

你對這些解釋滿意嗎？你能提出新的解釋嗎？

組成世界的基本粒子

　　我們看到的宏觀物體形式多樣、五光十色，它們都是由各種分子和原子所組成，各種不同元素的原子又都由質子、中子和電子組成。但是人類對基本粒子的探索並未停止，從理論推斷到實驗檢驗，人們發現了大量微粒。在仔細分類研究後，目前發現沒有內部結構的基本粒子共有 62 種。

Chapter 11
Chapter 12
Chapter 13
Chapter 14
Chapter 15
Chapter 16
Chapter 17
Chapter 18
Chapter 19
Chapter 20

▌17.1 物質的鏡像：反物質

1927 年，年僅二十五歲的狄拉克意識到：質量極小的電子極易加速到接近光速，而對這種高速電子的完整描述，應該考慮將相對論方程式和量子力學方程式結合。於是他把狹義相對論引進薛丁格方程式，創立了相對論性質的波動方程式——狄拉克方程式。

我們都知道，最簡單的二次方程式 $x^2=A$ 有兩個解，一個是 $x=\sqrt{A}$，另一個是 $x=-\sqrt{A}$；同樣，電子的相對論性方程式中出現了能量的平方 E^2，這樣求解電子能量 E 時就會得出兩個解：一個正，一個負。

狄拉克沒有將負能量當作不合理的結果理所當然的捨去，而是承認負能量的存在。要知道，負能量是一個很奇怪的東西，假如一輛汽車具有負能量，那麼踩剎車反而會讓它加速，踩油門卻會讓它慢下來！

當時的物理學家都對負能量持懷疑態度，海森堡稱這是「現代物理學中最悲哀的一章」。

面對質疑，狄拉克並沒有放棄；仔細思考後，他提出了一個大膽的假設：

「以往人們把真空想像成一無所有的空間。現在看來，我們必須用一種新的真空觀念取代舊觀念。在這種新理論中，需要把真空描寫為一個具有最低能量的空間區域，這就要求整個負能區都被電子占據。」

按狄拉克的觀點，真空中有無窮多被電子填滿的負能量位置，真空就像是由負能量電子組成的汪洋大海（後來人們稱為「狄拉克之海」）。可是，世界上這些位置都被電子填滿了，而因為負能量

量子的星際漂流

從打臉牛頓開始

Chapter 11
Chapter 12
Chapter 13
Chapter 14
Chapter 15
Chapter 16
Chapter 17
Chapter 18
Chapter 19
Chapter 20

位置被均勻填滿，使我們完全無法察覺，因此檢測不到任何負能量。可是，如果一個負能量的電子被擾動，電子從負能階上被激發，留下的位置就變為一個「空穴」，這樣一個空穴會表現為負能量不足和負電荷不足。負能量不足就表現為正能量，負電荷不足就表現為正電荷。

1931 年，狄拉克提出：

「一個空穴如果存在，就是一種實驗物理還不知道的新粒子，它與電子的質量相同而所帶電荷相反，我們可以稱這樣的粒子為正電子。」

正電子就是反電子，狄拉克這一觀點宣告了反粒子觀念的誕生。

狄拉克不光提出反電子的概念，他還大膽地把反粒子的概念擴展到其他粒子：

「我認為負質子也可能存在，雖然該理論還沒有那麼明確，但在正負電荷之間應該有種徹底而完美的對稱性。而且，如果這在自然界是一種真正基本的對稱性，那麼任何一種粒子的電荷都有可能反過來。」

而狄拉克並沒有等太久，就等到了他的正電子。

當時已經發明了雲室，在雲室裡，人們可以記錄單一原子和粒子的軌域。1932 年，美國物理學家卡爾·安德森使用雲室，從宇宙射線中發現了電子的反粒子——正電子。

圖 17-1 展示了 γ 射線和液態氫原子劇烈碰撞後，而產生的電子－正電子對在雲室中留下的軌跡，它們在磁場中的軌跡剛好相反。在粒子反應中如果有足夠的能量使動量守恆並轉化為質量，就

能成對產生正反粒子對。

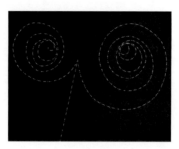

圖 17-1　電子－正電子對在雲室中留下的軌跡

　　正電子的發現，開啟了科學家新的探索之旅。1955 年，反質子在美國一家實驗室中被發現，其後人們又發現了反中子。到 1960 年代，基本粒子中的反粒子差不多已全被發現。

　　狄拉克獲得了 1933 年的諾貝爾物理學獎。按照慣例，在斯德哥爾摩瑞典皇家學院接受諾貝爾獎時，獲獎人應有一個簡短的演講，狄拉克在接受獎金時說：

　　「地球中所包含的負電子和正質子占多數，我們更應該將這看作是一種偶然現象。其他星球很可能是另一番情景，那些星球有可能主要是由正電子和負質子構成。實際上，有可能存在每種方式各構成一半的星球……而且可能沒辦法區分它們。」

　　現在我們知道，對每一個粒子而言，都存在著與其具有相同的重力性質、但帶著相反符號荷（電荷與核力荷）的反粒子。粒子和反粒子碰撞，就會湮滅而產生純粹的能量閃光。

　　反物質是反粒子概念的延伸，是由反粒子構成的物質，也就是物質的「鏡像」形式。

　　1995 年，歐洲核子研究中心的科學家，製造出世界上第一批反物質——反氫原子。科學家利用加速器，將極高速的負質子流射

量子的星際漂流
從打臉牛頓開始

Chapter 11
Chapter 12
Chapter 13
Chapter 14
Chapter 15
Chapter 16
Chapter 17
Chapter 18
Chapter 19
Chapter 20

向氚原子核，以製造反氫原子。由於負質子與氚原子核相撞後會產生正電子，剛誕生的一個正電子如果恰好與負質子流中的另外一個負質子結合，就會形成一個反氫原子，其平均壽命僅為 30ns（一億分之三秒）。2011 年，歐洲核子研究中心的研究員宣布已成功捕捉反氫原子超過 16min；同年，紐約長島的美國布魯克黑文國家實驗室裡，多個國家的科學家合力製造出迄今最重的反物質——反氦原子。

1997 年，美國天文學家宣布，他們利用先進的 γ 射線探測衛星，發現在銀河系上方約 3500 光年處，有一個不斷噴射反物質的反物質源，它噴射出的反物質，在宇宙中形成了一個高達 2940 光年的「噴泉」，這是宇宙反物質研究領域的一個重大突破。

而現在人們最想知道的就是，宇宙中真的存在反物質星球嗎？

17.2 宇宙隱形人：微中子

1899 年，拉塞福發現 β 衰變現象，它涉及原子核中的一個中子轉化成一個質子，並伴隨釋放一個高速電子。

微中子的發現，來自 β 衰變的研究。人們發現：物質在 β 衰變過程中釋放出的電子，只帶走了它應該帶走的一部分能量，還有一部分能量失蹤了。波耳據此認為：在 β 衰變的過程，能量守恆定律失效。

但能量守恆定律失效這個說法太過牽強。1930 年，奧地利物理學家包立提出了一個假說，認為在 β 衰變過程中，除了電子之外，同時還放射出一種靜止質量為零、電中性、與光子不同的新粒子，帶走了另一部分能量，因此出現能量虧損。這種粒子與物質的

交互作用極弱，以至儀器很難探測到。1931 年，包立提出，這種粒子並非原本就存在於原子核中，而是由衰變產生。

包立預言的這個竊走能量的「小偷」，被義大利物理學家費米命名為「微中子」，意為「微小的中性粒子」。1934 年，費米在微中子理論研究中貢獻良多，他的創舉在於將 β 衰變歸結於粒子的產生和湮滅。該理論為量子物理帶來一個核心思想：微觀世界中的交互作用，都歸因於產生和湮滅粒子。

微中子小，不帶電，只參與非常微弱的弱交互作用，具有極強的穿透力，能輕鬆穿透地球，就像宇宙間的「隱形人」。每平方公分的地球表面，每秒有 600 億～ 1200 億個微中子穿過，但是在 100 億個微中子中，只有一個會與物質反應，因此檢測微中子非常困難。直到 1956 年微中子才被觀測到，證明了它的存在。

微中子的研究表明，微中子具有質量，但非常非常小，以至於人們目前還測不出準確數字，只能得出一個質量上限值。

2011 年 9 月，義大利格蘭薩索國家實驗室公布「微中子運動速度超光速」的試驗結果，震驚世界；不過在 2012 年 6 月 8 日，該實驗室宣布撤銷此項試驗結果，原來是試驗裝置因光纖連接問題，而導致測量誤差，真是虛驚一場。

▌17.3 世界的基石：夸克

1930 年以後，科學家開始製造粒子加速器（圖 17-2）。加速器是利用電磁場，將帶電粒子加速到高能的裝置，是探測微粒的有力武器。帶電粒子被加速到極高速，再與其他粒子或其他物體劇烈碰撞，連原子核都能被撞碎，於是最基本的粒子就被撞出來。

　　加速器可以是直線形，也可以是環形。在環形加速器裡，有專門的磁場將粒子逼到環形軌道上。隨著加速器能量不斷提高，人類也逐步深入微觀物質的世界，粒子物理學研究取得了豐碩的成果。

　　質子和中子因為有強交互作用，才能結合成穩定的原子核，人們把可以直接參與強交互作用的粒子稱為「強子」。在加速器的作用下，人們竟找到了 200 多種強子，如果再加上它們的反粒子，就有 400 多種。這實在是太多了，人們不禁懷疑：自然界需要這麼多基本粒子嗎？ 1964 年，美國科學家蓋爾曼提出：強子不是基本粒子，而是由更基本的粒子──夸克所組成，並發展了相關理論[4]。

圖 17-2 歐洲核子研究中心的大型強子對撞機周長 26.66km，是世界上最大的粒子加速器

　　夸克的理論非常迷人，可一些物理學家最初並不願意接受它，他們認為夸克「結構」只是一種數學技巧；但在實驗面前，他們不得不承認蓋爾曼的正確。質子和中子高速碰撞的實驗表明，它們都是由更小的粒子所構成，這些粒子就是夸克。因為對夸克的研究，蓋爾曼獲得 1969 年的諾貝爾獎。

　　夸克和電子的體積，是最困擾我的一個問題。華裔諾貝爾獎得主、粒子物理學家丁肇中在演講中多次提到：理論上說，夸克和

4　「夸克」由蓋爾曼取名，他從詹姆斯‧喬伊斯的小說《芬尼根守靈夜》中找到一句話：「Three quarks for Muster Mark!」於是，「quark」這個與科學沒有任何關係的詞彙，就成了現代科學中最時髦的一個詞。

電子都是點粒子，其直徑或體積應該為零。他在實驗中測出電子直徑至少小於 10^{-19}m，但我實在無法想像體積為零的粒子是什麼圖案。也許只能這麼理解：既然它們沒有內部結構，那就應該沒有體積（不過超弦理論已經打破了這種點粒子的觀點，後面章節將會詳述）。

宇宙中存在 6 種不同類型的夸克，我們分別將之稱為上、下、奇、魅、底、頂夸克。每種夸克都帶有 3 種「色荷」──紅、綠、藍。當然，所謂這些顏色僅僅只是借用紅、綠、藍這三個詞而已，並非夸克真的有顏色。色荷可以和電荷類比，就像電荷有正、負兩種類型一樣，色荷有紅、綠、藍三種類型。由於夸克有 6 種類型，每種類型有 3 種「顏色」，所以共有 18 種夸克。

夸克的色荷在強交互作用中守恆，因此，色荷是強力的來源，而兩個夸克之間透過交換「膠子」發生強交互作用。

由三個夸克組合成的粒子稱為「重子」，質子和中子就是重子，又每個重子都是由 3 個夸克組成，同時每一個夸克都有一種顏色。當三個夸克組合在一起時，紅、綠、藍相互抵消，變成「無色」，色荷守恆，結合在一起。

由一個夸克和一個反夸克組成的粒子叫「介子」。比如紅色夸克和反紅色夸克結合，紅色和反紅色相互抵消，也變成「無色」的介子，重子和介子又被合稱為強子。

夸克的電荷是分數。上、魅及頂夸克（這三種叫「上型夸克」）的電荷為 +2/3，而下、奇及底夸克（這三種叫「下型夸克」）的則為 - 1/3。一個質子裡包含兩個上夸克和一個下夸克（見圖 17-3(a)），而一個中子裡則包含兩個下夸克和一個上夸克（見圖 17-3(b)）。所以質子的電荷為 +1，而中子的電荷為 0。

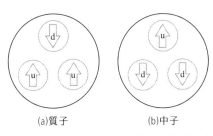

(a)質子　　　　　　　(b)中子

圖 17-3　一個質子包含兩個上夸克和一個下夸克，一個中子包含兩個下夸克和一個上夸克

17.4　世界的基石：輕子

輕子是對電子和自己的兩個夥伴、以及它們所對應微中子的總稱。包括電子、μ 子、τ 子以及電子微中子、μ 子微中子、τ 子微中子等 6 種基本粒子，加上它們的反粒子，共計 12 種輕子。輕子都是基本粒子，沒有內部結構。

前文已經提到，英國物理學家湯姆森在 1897 年發現了電子，並確定電子是一種基本粒子。

1937 年，人們在研究宇宙射線時發現了 μ 子。可以說 μ 子就是一個胖電子，它的質量是電子的 207 倍，其他性質則和電子相同。在穿過地球的宇宙射線中有大量 μ 子，此時此刻 μ 子就不斷從我們的身體中穿過。μ 子的壽命很短，很快就會衰變成一個 μ 子微中子、一個電子和一個反電子微中子。

1976 年，物理學家又發現了一個更胖的「電子」，它的質量是電子的 3479 倍，其他性質則和電子相同，這個粒子被命名為 τ 子。τ 子雖然屬於輕子，但它的質量並不輕，它的質量已經達到了質子的 1.9 倍。

τ 子也會迅速衰變，它有三種可能衰變的途徑：64.8% 的機率

會衰變成 τ 子微中子和反 π 介子；17.84% 的機率會衰變成 τ 子微中子、電子和電子微中子；17.36% 的機率會衰變成 τ 子微中子、μ 子和 μ 子微中子。

▎17.5 四種基本交互作用和力的傳遞粒子

我們通常將物體之間的交互作用稱為「力」，而物理學家發現，自然界所有的基本力，都可以歸結為四種基本交互作用的組合，這四種基本交互作用是：重力、電磁力、強力和弱力。

1.重力

重力就是大家常說的萬有引力，任何有質量或者能量的物體都會感受到重力，重力非常重要，它不但讓我們能牢固地腳踏大地，而且還使地球能不斷繞太陽公轉。與其他三種力相比，重力非常非常弱，小了三十多個數量級。物體質量有多大，決定了它能產生多強的重力，以及對重力有多大的反應。所以小質量物體間的重力小到可以忽略不計，這就是為什麼兩個人之間感受不到對方重力。幸好地球和太陽的質量夠大，地球才能被太陽牢牢地吸引。

有趣的是，實驗證明：重力以光速傳播。假如太陽突然消失，地球並不會馬上陷入災難，它還會照樣公轉，大約 8min 後地球才會感受到太陽引力消失，災難才正式開始。

計算重力的公式大家都熟悉，就是牛頓的萬有引力定律：

$$F = G\frac{m_1 m_2}{r^2}$$

F 是兩個物體之間的重力，G 是萬有引力常數，m_1 和 m_2 是兩個物體的質量，r 是兩個物體之間的距離。

2.電磁力

帶電荷的粒子會相互吸引或相互排斥，這種力就叫電磁力。電荷間同性相斥、異性相吸。就像質量一樣，電荷也是粒子的基本性質。原子中，電子帶負電荷，質子帶正電荷，大小都為 e（$e=1.6\times10^{-19}$ 庫侖）。因為正、負電荷相互抵消，所以原子是電中性。雖然夸克具有分數電荷，但夸克不能被單獨探測到，所以 e 是電荷的基本單位。

電磁力比重力強許多，兩個電子之間的電磁力比重力大 36 個數量級。而我們常見的物體都是電中性，才不會產生強大的吸引力或排斥力。

電磁力的計算公式是庫侖定律：

$$F=K\frac{q_1q_2}{r^2}$$

F 是兩個物體之間的電磁力，K 是庫侖常數，q_1 和 q_2 是兩個物體所帶電量，r 是兩個物體之間的距離。

你肯定會問，這是一本科普書籍，有必要羅列這些公式嗎？但如果仔細比對一下萬有引力定律和庫侖定律的公式，你就會發現一個有趣的現象。

對，這兩個公式在形式上竟是如此接近，真的只是一種巧合嗎？還是有更深奧的東西存在？

3.弱力

弱力會導致原子核 β 衰變（質子和中子間的一種轉變），帶來放射性。

4.強力

強力將夸克「膠結」在質子和中子內，又將質子和中子緊緊束縛，形成原子核。

大家對強力和弱力比較陌生，是因為它們是作用在原子核尺度範圍內的力，超過原子核尺度以外就完全失去作用。強力是四種力裡強度最大的力，比電磁力強 100 倍。擠在原子核裡的質子因電磁作用原應相互排斥，多虧了強力才能將它們緊緊束縛。

物體之間產生的各種力都不能憑空交互作用，而要依靠粒子傳遞力。

強力的傳遞粒子是膠子。膠子共有 8 種，靜止質量為零，電荷為零，具有色荷。

弱力的傳遞粒子是 W 粒子和 Z 粒子。W 粒子有兩種，質量相同但分別帶一個正電荷和一個負電荷，記為 W^+ 和 W^- 粒子。Z 粒子是一種電中性的粒子，記為 Z^0。

重力的傳遞粒子是重力子。這是物理學家的預言，因為到現在還沒有找到重力子。如果能找到重力子，它應該是一個靜止質量為零，電荷也為零的粒子。

電磁力的傳遞粒子就是光子，兩個帶電粒子之間的電磁力，是透過交換光子產生的交互作用。

在力的傳遞粒子中，光子、膠子、重力子靜止質量均為零，而 W 粒子和 Z 粒子卻有靜止質量，而且非常大。W 粒子的質量是電子的 157400 倍，Z 粒子的質量是電子的 178450 倍。

表 17-1 展示了四種基本交互作用力的性質對比。

從打臉牛頓開始

量子的星際漂流

Chapter 11
Chapter 12
Chapter 13
Chapter 14
Chapter 15
Chapter 16
Chapter 17
Chapter 18
Chapter 19
Chapter 20

表 17-1　四種基本交互作用力的對比

力	力的相對大小	力的傳遞粒子	力的作用範圍	力的產生原因
重力	10^{-36}	重力子	長距離	質量
電磁力	1	光子	長距離	電荷
弱力	0.001	W^+、W^-、Z^0 粒子	10^{-17}m	弱荷
強力	100	8 種膠子	10^{-15}m	色荷

17.6　上帝粒子：希格斯粒子

為什麼有些基本粒子具有靜止質量，而有些基本粒子的靜止質量為零？英國物理學家彼得·希格斯提出的一種物理機制，可以解釋這個問題。

可以說，希格斯機制是宇宙中物質質量的來源，是物質世界誕生的基礎。按現有理論，所有粒子原本都沒有質量，是希格斯場賦予了它們質量。希格斯場是一種原本不可見、遍及整個宇宙的能量場。如果沒有希格斯場，就無法生成質量，也無法構建任何東西，那麼恆星、行星、生命也無從誕生。

電磁力和弱力在宇宙起源之初的高能狀態下，本來是一種統一的電弱力，W^+、W^-、Z^0 和光子原本都沒有靜止質量，統一的電弱力具有較高的對稱性。但隨著能量降低，這種自發對稱性破缺（spontaneous symmetry breaking），統一的電弱力分解為電磁力和弱力。在這個過程中，W^+、W^-、Z^0 等粒子與希格斯場作用獲得質量，而光子並未參與這種作用，靜止質量仍為零。

輕子、夸克等粒子原來質量也為零，它們也因為自發對稱性破缺，與希格斯場交互作用獲得質量，但它們獲得質量的方式不同於

W 和 Z 粒子。

總之，根據希格斯機制，W 粒子、Z 粒子、輕子、夸克等基本粒子，因為與希格斯場交互作用而獲得質量，但同時也會出現副產品——希格斯粒子。假若實驗證實希格斯粒子存在，則可給予希格斯機制極大的肯定。光子和膠子不與希格斯場發生交互作用，所以沒有質量。

有一個形象的比喻：希格斯場就像一鍋充滿宇宙的糖漿，粒子就是在糖漿裡游的魚，有的魚兒皮膚粗糙沾上了糖漿，於是獲得質量，速度也隨之變慢；有的皮膚光滑沒有沾上，所以就無質量。

美國著名粒子物理學家利昂·萊德曼曾寫過一本書，書名叫做《上帝粒子：如果宇宙是答案，那麼問題是什麼？》。萊德曼在書中形象地將希格斯粒子稱為「指揮著宇宙交響曲的粒子」，「上帝粒子」由此成為希格斯粒子的綽號。

2013 年 3 月 14 日，歐洲核子研究組織發布新聞表示，他們於 2012 年探測到的新粒子就是希格斯粒子，「上帝粒子」終於被人類發現。研究表明，希格斯粒子的質量是質子質量的一百多倍。2013 年 10 月，希格斯獲得了諾貝爾物理學獎。

▌17.7 標準模型

如今，物理學家已經建立起一套粒子物理的標準模型，在這個模型裡有四種基本交互作用以及 62 種基本粒子。

構成物質的基本粒子如表 17-2 所示，共分為三族，每一族包括 2 個夸克和 2 個輕子。三族中同一行相應的粒子，除了質量依次變大而不同，性質完全一樣。其中，第 1 族為物質世界的基本組

量
子
的
星
際
漂
流

從
打
臉
牛
頓
開
始

Chapter
11

Chapter
12

Chapter
13

Chapter
14

Chapter
15

Chapter
16

Chapter
17

Chapter
18

Chapter
19

Chapter
20

成；第 2 族除微中子[5]外極不穩定，它們構築的各種粒子很快就會衰變；第 3 族也是如此。

表 17-2 構成物質的三族基本粒子及其質量和電荷[6]

第 1 族		第 2 族		第 3 族		電荷
粒子	質量	粒子	質量	粒子	質量	
電子	0.00054	μ 子	0.11	τ 子	1.9	-1
電子微中子	$<10^{-8}$	μ 子中微子	<0.0003	τ 子微中子	<0.033	0
上夸克	0.0047	魅夸克	1.6	頂夸克	189	+2/3
下夸克	0.0074	奇夸克	0.16	底夸克	5.2	-1/3

　　總而言之，基本粒子可分為三大類：第一大類是構成物質的基本「磚石」，包括 6 種輕子和 18 種夸克，再加上它們的反粒子，共 48 種；第二大類是傳遞各種交互作用的粒子，有光子、膠子、W 和 Z 粒子，以及重力子等共 13 種；最後一類是希格斯粒子。由於重力很弱，至今沒有重力子存在的直接實驗證據，所以重力子尚未被發現。

　　雖然標準模型能解釋絕大多數的實驗現象，但它也並非完美無缺。很多物理學家都認為：基本粒子和基本交互作用太多，猜測背後是否還隱藏一種更基本的結構基元、更基本的原始作用力；而超弦理論在這方面已經有所進展，獲得了很多物理學家的青睞。

　　另外，宇宙中還有更神祕的暗物質和暗能量，天文學家認為宇宙超過 95% 的質量都屬於它們，但暗物質和暗能量我們根本看不見。換句話說，我們現在研究的宇宙，還不到宇宙的 5%。標準模

5　微中子質量至今還沒有在實驗上確定。

6　質量以質子質量為單位，即質子質量為 1。質子的質量遠遠大於兩個上夸克和一個下夸克的質量，是因為剩餘質量出自膠子攜帶的能量。還記得愛因斯坦説的話嗎？「能量就是質量，質量就是能量。」

型中並沒有解釋暗物質和暗能量，是因為人類目前還沒有能力解釋，那麼在暗物質和暗能量面前，標準模型該何去何從？

▋附錄 以高速粒子檢驗狹義相對論

狹義相對論的許多效應（比如運動會使長度收縮、時間膨脹），需要在極快的運動速度下才能較明顯地顯示；但對宏觀物體而言，這樣的速度太難達到了，而被加速器加速的微粒則成為滿足這個條件的絕佳試驗品。

愛因斯坦 16 歲時已開始思考一個問題：如果一個人以光速追隨一束光，他會看到什麼景象？按牛頓力學，光線看上去應該完全靜止，意味著光線在運動者看來應該是凝固的波，不會產生振盪。可是，波怎麼會凝固？可見其中一定有問題。

這個問題困擾了愛因斯坦十年，最終，他在 26 歲時解開了這個謎：任何人看到的光都是光速，所以誰也追不上光，即光速不變原理。

1905 年，愛因斯坦提出了著名的狹義相對論。狹義相對論探討時空觀念，幾個世紀以來，哲學家和科學家在「什麼是時間」、「什麼是空間」上絞盡腦汁，結果愛因斯坦簡潔回答了這個問題：可以用尺測量的就是空間；可以用時鐘測量的就是時間。在高速運動的狀態下，尺可以變短，時鐘可以變慢，也就意味著長度收縮和時間膨脹。

具體來說，狹義相對論建立在兩個基本原理之上，即光速不變原理和狹義相對性原理。

根據狹義相對性原理，慣性系（在一個慣性系中，一個不受力

的粒子將保持靜止或等速直線運動）完全等價，因此，在同一個慣性系中存在統一的時間，稱為同時性（simultaneity），而在不同的慣性系中，卻沒有統一的同時性，也就是兩個事件（時空點）在一個慣性系內的同時，在另一個慣性系內就可能不同時，這就是同時的相對性（relativity of simultaneity）。

相對論導出了不同慣性系之間時間進度的關係，結果發現：運動慣性系的時間變慢了。可以通俗地理解為，運動的鐘比靜止的鐘走得慢，而且運動速度越快，鐘走得越慢，接近光速時，鐘就幾乎停止了。

這是相對論最令人驚異的預言之一，如何才能檢驗其正確性呢？還記得前面提到的，由夸克和反夸克組成的介子嗎？介子不能穩定存在，只要幾微秒就會衰變為其他粒子。介子就像一個小小的時鐘，如果把一個高速運動的介子與一個靜止介子的壽命相比，我們就可以知道這個小小的時鐘慢了多少。這個實驗在瑞士日內瓦附近的歐洲核子研究中心展開，將高速運動的介子放進一個儲存環（storage ring），再精確測量它們的壽命。結果發現：介子運動速度越快，壽命就越長，這個實驗精確驗證了運動時鐘變慢這一相對論效應。比如以 0.91c 運動的 π 介子，壽命會變為原來的 2.4 倍，與相對論理論計算完全一致。π 介子實驗，同時也能驗證長度收縮效應，此處不再贅述。

狹義相對論還有一個效應，就是對於靜止質量不為零的物體，其質量將隨運動速度增加而變大，如果速度趨於光速，質量將趨於無窮大，所以實際物體只能無限接近光速，而不可能達到光速。

在美國史丹佛大學附近、3.6km 長的直線電子加速器裡，可以驗證這個效應。當電子被加速到 0.98c 時，如相對論所預言的那樣，質量會變為靜止質量的 5 倍；當電子被加速到 0.9999999997c

時，電子的質量會增加到靜止質量的 4 萬倍。

　　這樣的例子數不勝數，現代高能粒子試驗每天都在考驗相對論，相對論也成功承受住了這些考驗，讓人們在驚嘆之餘不得不佩服愛因斯坦的偉大。

18

宏觀量子現象：玻色－愛因斯坦凝態

面對為數眾多的各種粒子，物理學家根據自旋性質，將它們分為兩大類——費米子與玻色子。玻色子的量子效應不單在微觀世界中作用，在某些情形也會以宏觀尺度展現，那就是玻色-愛因斯坦凝態，雷射、超導、超流等奇特現象都與其有關。

11 Chapter
12 Chapter
13 Chapter
14 Chapter
15 Chapter
16 Chapter
17 Chapter
18 Chapter
19 Chapter
20 Chapter

18.1 費米子與玻色子

第 16 章我們討論過電子自旋，實際上，所有的基本粒子都有自旋。自旋是量子化，可以用自旋量子數 s 表示，自旋量子數可以取大於等於 0 的整數或者半整數，即：

$$s=0，1/2，1，3/2，2，\cdots$$

粒子自旋角動量，在磁場方向的分量由自旋磁量子數 ms 決定，ms 的取值取決於自旋量子數 s，它可以取 $2s+1$ 個不同的值，具體如下：

$$s，s-1，s-2，\cdots，-s+2，-s+1，-s$$

也就是說，在斯特恩-革拉赫實驗中，自旋量子數為 s 的粒子會分裂為 $2s+1$ 束，見表 18-1。

由基本粒子組成的複合粒子也有自旋，可由其所含基本粒子的自旋，按量子力學中角動量相加法則求和得出，例如質子的自旋可以從夸克和膠子的自旋得出，其自旋量子數為 1/2。

表 18-1 粒子的自旋及其特點 [7]

自旋量子數 s	自旋磁量子數 ms	不均勻磁場中分裂的束數	實例
0	0	1	希格斯玻色子
1/2	1/2，-1/2	2	電子、夸克、質子、中子
1	1，0，-1	3	光子、膠子
3/2	3/2，1/2，-1/2，-3/2	4	^{11}B 原子核
2	2，1，0，-1，-2	5	重力子（理論預言）

[7] 質子、中子、^{11}B 原子核屬於複合粒子。

所有粒子（包括基本粒子和複合粒子）都能以自旋分為兩類——費米子和玻色子。

費米子是自旋量子數為半奇數（1/2，3/2，5/2 等）的粒子。基本粒子裡的輕子和夸克都是費米子，質子、中子等複合粒子也是費米子。

玻色子是自旋量子數為整數（0，1，2 等）的粒子。基本粒子裡的希格斯粒子和力的傳遞粒子（光子、膠子、W^+、W^-、Z^0、重力子）都是玻色子。介子、α 粒子（氦原子核）、氫原子等複合粒子也是玻色子。

「費米子」是為了紀念義大利物理學家費米而命名。1926 年，費米與狄拉克各自發現了帶半整數自旋全同粒子（Identical particles）系統的量子統計法則，稱為費米-狄拉克統計，這類粒子後來就被稱為費米子。

「玻色子」是為了紀念印度物理學家玻色。1924 年，玻色與愛因斯坦提出了帶整數自旋全同粒子系統的量子統計法則，即玻色-愛因斯坦統計，這類粒子後來就被稱為玻色子。

對於複合粒子的自旋，有一個普遍的原則：奇數個費米子所組成的粒子仍然是費米子；偶數個費米子組成的粒子則是玻色子；任意數目的玻色子組成的粒子還是玻色子。

比如氦-4 原子中有兩個質子、兩個中子和兩個電子，質子、中子、電子都是費米子，所以氦-4 原子由偶數個費米子組成，故屬於玻色子。再如鈉-23 原子，該原子含有 11 個質子、12 個中子和 11 個電子，共有 34 個費米子，所以它也屬於玻色子。

18.2 包立不相容原理

波耳曾經提出一個問題：如果原子中電子的能量量子化，為什麼這些電子不是都處在能量最低的軌域呢？因為根據能量最低原理，自然界的普遍規律是一個體系的能量越低越穩定，這些電子為什麼要往高能階排列？

比如鋰原子有三個電子，兩個電子處在能量最低的 1s 軌域，另一個電子則處在能量更高的 2s 軌域（見圖 18-1），為什麼不能三個電子都處於 1s 軌域？

圖 18-1　鋰原子的電子排列

這個問題最終被包立解決。1925 年，包立分析原子經驗數據後提出一條原理：原子中任意兩個電子，不可能處於完全相同的量子態，稱為包立不相容原理。

1940 年，包立又從理論上延伸出兩條原則：

(1) 兩個費米子在同一個系統中，不可能處於完全相同的量子狀態（見圖 18-2(b)）。也就是說，包立不相容原理是適用於費米子系統的普遍原則。

(2) 與費米子相反，玻色子則不受包立不相容原理的制約。也就是說，多個玻色子可以占據同一量子態（見圖 18-2(a)）。一種特殊的量子現象——玻色-愛因斯坦凝態，就是這一結論的體現。

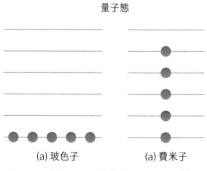

圖 18-2 玻色子可以處於同一量子態，費米子則不允許如此

包立不相容原理是一個非常重要的理論，正因為如此，電子才會乖乖從低能階到高能階一個一個向上排列。也正因如此，才會構成不同的原子，組成我們所看到的世界。

有人會問：為什麼鋰原子的 1s 軌域上有兩個電子呢？它們不是完全相同嗎？實際上，這兩個電子的運動狀態不同，一個自旋向上，一個自旋向下。也正因為電子只有兩種自旋狀態，所以一個軌域最多只能容納兩個電子。

包立不相容原理，使人們真正認識了元素週期表的排列方式，對化學的發展具有重大意義。

用一句話總結一下：在一個量子系統裡，費米子個個不同，玻色子則可以完全一樣。

沃 夫 岡 · 包 立（Wolfgang E.Pauli，1900—1958 年），奧地利人。1918 年中學畢業後，包立到慕尼黑大學拜訪著名物理學家索末菲，要求不上大學，直接成為索末菲的研究生。索末菲發現包立很有才華，就接納了他，包立成為慕尼黑大學最年輕的研究生。1921 年，他提交了題為〈論氫分子離子的模型〉的博士論文，獲得博士學位，同年還出版了一部介紹相對論的著作，這本書在相對論方面的深刻理解，獲得愛因斯坦的高度讚賞。博士畢業後，經索末菲推薦，包立到哥廷根大學當玻恩的助手，兩年後，又赴漢堡大學任教。1925 年，25 歲的包立提出了包立不相容原理，受到世人矚目。1926 年，他率先將海森堡最新的量子理論應用到原子結構的研究中。1930 年，他率先提出微中子的概念，當時他已經是蘇黎世聯邦理工學院的一名教授。包立思維敏銳，以犀利評論其他物理學家的研究成果聞名，他的口頭禪是：「我不同意你的觀點。」包立在 20 歲時，有一次前去聆聽愛因斯坦的講座，他坐在最後一排，向愛因斯坦提出了一些問題，其火力之猛連愛因斯坦都招架不住。據說此後愛因斯坦演講時，眼光都要掃過最後一排，查驗有無熟悉的身影出現。1945 年，包立因發現不相容原理，獲得諾貝爾物理學獎。

18.3 玻色-愛因斯坦凝態

1924 年 6 月，30 歲的印度物理學家玻色（Bose）寄給愛因斯坦一篇名為〈普朗克定律與光量子假說〉的論文。先前他曾把這篇論文投給一家知名雜誌卻被退稿。無奈之下，他想到了愛因斯坦。

玻色在論文中提出，若假設光子能構成一種「氣體」，就像由原子或分子構成的氣體一樣，那麼就能推導出普朗克定律。這些光子可彼此獨立地占據任意能階，不論能階上是否有其他光子存在。

愛因斯坦的偉大之處就在於他不會埋沒人才。還記得愛因斯坦提拔德布羅意關於實物粒子波粒二象性的論文嗎？玻色也遇到了伯樂，因為愛因斯坦立刻意識到，玻色的推導大大超越了普朗克。他親自將玻色的論文翻譯為德文，並推薦給德國主要刊物《物理學雜誌》。

受玻色工作的啟發，愛因斯坦將注意力轉移到了這方面。他將玻色對光子的統計方法推廣到原子上，研究「假如原子與光子遵守相同規律，原子將如何運動」的問題。同年他發表了論文，誕生了現在稱為玻色-愛因斯坦統計的重要成果。數年後，狄拉克建議將遵守這一統計規律的粒子，命名為玻色子。

愛因斯坦最先注意到：當玻色子的溫度夠低時，所有原子會突然降到最低能量狀態，這是一種新的物質狀態，就是常說的玻色-愛因斯坦凝態。

1924 年 12 月，愛因斯坦指出：

> 「當溫度低到一定值後，原子會在沒有吸引力的情況下『凝聚』……這個理論很有意思，但這是真的嗎？」

上一節已經說過，玻色子不受包立不相容原理的制約，所以理

量子的星際漂流

從打臉牛頓開始

Chapter 11
Chapter 12
Chapter 13
Chapter 14
Chapter 15
Chapter 16
Chapter 17
Chapter 18
Chapter 19
Chapter 20

論上來說，一個體系裡所有玻色子都可以擠在最低能階上。但這種趨勢只有在極低溫的情況下才會完全出現，如果溫度稍高，即使許多玻色子集中在最低能階，仍會有很多玻色子分布在更高能階。

愛因斯坦意識到，當溫度極低時（與絕對零度相差百萬分之一度以內，絕對零度是 - 273.15℃，克耳文溫度記作 0K），所有玻色子會均勻地分布在最低能階上。這時所有玻色子的運動狀態完全相同，從而完全重疊滲透，相當於每一個粒子都占據著一整層能階。

要知道，包立的理論 1940 年才提出，所以玻色和愛因斯坦的工作非常有開創性。但他們的理論太超前了，實驗物理學家足足花了 70 年，才在實驗室中製出玻色-愛因斯坦凝態。實驗滯後的主要原因是：降溫到這一現象所需的極低溫度非常困難。遺憾的是，玻色和愛因斯坦生前都沒能看到這一驗證。

1995 年 6 月，美國科學家卡爾·威曼（Carl Weiman）和埃里克·康奈爾（Eric Cornell），首次用銣原子製造出玻色-愛因斯坦凝態。

銣的原子序是 37，其原子核內含有 37 個質子，核外有 37 個電子。銣的兩種同位素銣- 85（48 個中子）和銣- 87（50 個中子）分別含有 122 和 124 個費米子，都是偶數，所以它們都是玻色子。

威曼和康奈爾將 2000 個銣原子，冷凍到絕對零度以上兩千萬分之一度。在這一溫度下，銣原子的移動速度像烏龜一樣慢，只能以每秒 8mm 的速度緩慢移動，而室溫下它們的速度約為每秒 300m。由於一個原子的平均速度是其溫度的度量，所以冷凍和降速實際上是同一件事。

為了達到如此低溫，他們使用了雷射冷卻和原子捕集技術（atom trapping technique）。他們用上、下、左、右、前、後六束雷射和一系列磁場構成一個磁光陷阱（Magneto-otptical trap），雷射

光束可使原子運動速度減慢，繼而用磁場將這些原子束縛在一個很小的區域（磁光陷阱）內蒸發冷卻，使這些原子逐漸降溫，道理就像讓一杯茶逐漸變涼一樣。

如此處理的結果，使這批銣原子呈現出了玻色－愛因斯坦凝態的特徵。它們形成了一團微小的氣體，當中所有原子都失去個性，呈現出單一的量子態，具有完全相同的波函數。由於是宏觀數量的原子聚集在同一個量子態上，所以這是一種宏觀量子現象。實際上，這些原子已經凝聚成了一個獨立的量子整體。打個比方來說，這 2000 個原子已經合為一體，就好像一個原子同時出現在 2000 個位置上，可以說「人人是我，我是人人」。

1997 年，麻省理工學院的研究員透過實驗表明：將數百萬個鈉原子形成的玻色－愛因斯坦凝態分為兩團，再讓它們相遇，會產生典型的干涉圖案。

大家可能會覺得玻色－愛因斯坦凝態距離我們太遠，在現實中沒有什麼作用，其實並非如此。大家熟知的雷射，就是光子的玻色－愛因斯坦凝態，雷射中的大量光子都處於同一量子態；此外，超導體的超導電性，也是玻色－愛因斯坦凝態的結果。美國物理學家庫柏等人，提出了一個超導電性微觀量子理論，成功解釋了超導體的各種性質。此理論指出，自旋相反的兩個電子可以形成束縛的電子對，稱為庫柏對（Cooper pair）。庫柏對包含兩個電子，即偶數個費米子，所以是玻色子。在低溫下有大量的庫柏對處於基態能階，類似於玻色－愛因斯坦凝態，正是這種凝聚才形成了超導態，而傳導電流的載體就是庫柏對。

看到玻色－愛因斯坦凝態的神奇了吧，這還不算，除了超導，玻色－愛因斯坦凝態還能產生一種更神奇的宏觀量子效應──超流。

18.4 液氦超流現象

氦氣是惰性氣體，所以氦原子之間的交互作用很弱，氦氣要到 4.18K 才會凝結，是沸點最低的物質。而正常壓力下的氦，即使溫度極低仍不會凝固。直到 1908 年，科學家才成功地將氦氣液化。

氦有兩種同位素：氦- 3（兩個質子和一個中子）的自旋為 1/2，是費米子；氦- 4（兩個質子和兩個中子）的自旋為 0，是玻色子。所以液態氦- 3 和氦- 4 是性質不同的兩種液體。我們知道玻色子可以產生玻色-愛因斯坦凝態，所以液態氦- 4 在溫度很低時，具有許多普通液體沒有的奇特性質，因此把它稱為量子液體。以下介紹若沒有特別指明，都是針對氦- 4。

氦氣會在 4.18K 下變成沸騰的液體（就像水蒸氣會在 100℃下變成沸騰的水一樣），如果繼續降溫，當溫度降到 2.17K 時，沸騰會突然中止，液體變得十分平靜，液氦發生相變，從普通液相變成一種新的液相，稱為超流相。

液氦從正常相變成超流相時，液體中的原子會突然失去隨機運動的特性，而以整齊有序的方式運動。於是，液氦失去了所有的內摩擦力，它的熱導率會突然增大約 100 萬倍，黏度會下降約 100 萬倍，使它具有了一系列不同於普通流體的奇特性質：

(1) 液氦能絲毫不受阻礙地流過管徑極細（比如 0.1μm）的毛細管，因為它的黏性幾乎消失了。這一現象最先由蘇聯科學家卡皮察於 1937 年觀察到，稱為超流性。

(2) 如果把液氦盛在一個燒杯裡，會發現杯中的液氦沿杯壁緩慢地「爬」上去，然後爬出杯外，直到爬完為止（見圖 18-3）。

(3) 在一個盛有液氦的容器中插入一根玻璃管，再以光輻射加熱玻璃管，管內和容器中的液氦開始有溫度差，這個溫度

差會引起氣壓差，導致液氦從玻璃管上端噴出。噴泉可高達 30cm，非常壯觀。這種現象被稱為噴泉效應，於 1938 年首次發現（見圖 18-4）。

圖 18-3 超流液氦爬出容器外，在底部形成一個液滴　　圖 18-4 超流液氦的噴泉效應

1938 年，科學家以理論計算出：液氦的超流現象事實上是量子統計現象，是玻色－愛因斯坦凝態的反映。這是從宏觀尺度上觀察到的量子現象！

1970 年代，物理學家發現氦－3 也有超流動性，不過要在 0.002K 的溫度下才能實現，比氦－4 低 1000 倍。雖然氦－3 是費米子，但在此時兩個氦－3 會結成一個原子對，這個原子對是玻色子，使玻色－愛因斯坦凝態成為可能。

如今，科學家又開始將極低溫的液氦，在極高壓下轉化成固體氦狀態，結果發現：固氦能像液體一樣流動，同時也能維持其固體晶格結構，於是將其稱為超固體，這也屬於玻色－愛因斯坦凝態。

雷射、超導、超流，玻色－愛因斯坦凝態將來還能帶給我們多少驚奇？

Chapter **19**

Chapter 11
Chapter 12
Chapter 13
Chapter 14
Chapter 15
Chapter 16
Chapter 17
Chapter 18
Chapter 19
Chapter 20

量子場論

「場」的概念最早由馬克士威提出，他據此創立了電磁場理論。但馬克士威的電磁場屬於古典場，現代物理學在狹義相對論和量子力學的基礎上，又產生量子場的概念。依據量子場論的觀點，物質存在的基本形態是量子場，粒子是場的激發態。量子場論突破了古典物理學中粒子和場的對立，將物質的基本層次、基本交互作用和物質世界的起源，納入了一個統一的物理圖景中。

▌19.1 場與粒子的統一

二十世紀初，物理學發生了兩次革命，深刻改變了人們理解世界的方式——相對論和量子力學。相對論突破了古典物理學的絕對時空觀，揭示了時間、空間、物質和運動的內在聯繫；量子力學則突破了古典物理學對世界的決定論描述，以機率論揭示了世界的規律。

物理學家認識到，粒子運動速度很快，而且粒子運動時，粒子之間常常相互轉化。因此粒子物理學所研究的物理規律，必然既能反映粒子的量子性，又能反映高速運動的相對性，還能體現粒子產生或湮滅的過程，由此發展出可以同時體現上述三方面特點的量子場論。

1925 年，海森堡的同事、德國物理學家和數學家約爾旦，在一篇關於量子力學的論文中提出了「場的量子化」的原創性觀點。1927 年，狄拉克把量子理論引入電磁場，將電磁場量子化，奠定了量子場論的基礎。1928 年，狄拉克將狹義相對論引進薛丁格方程式，創立了相對論性質的波動方程式——狄拉克方程式，統一狹義相對論和量子理論。同年，約爾旦和維格納建立了量子場論的基本理論。1929 年，海森堡和包立建立了量子場論的普遍形式。量子場論曾一度因為在計算過程中會出現無窮大而面臨危機，幸好人們透過重整化（Renormalization）的數學技巧解決了這個問題，而其中，費曼的路徑積分也有重要貢獻。

從量子場論的觀點來看，物質存在的基本形態是量子場，每一種粒子都可以看成是一種獨特的場量子化的表現形式。它描述了一個場與粒子統一的物理圖景：整個空間同時充滿各種場、各種場相互重疊、粒子與場相互對應。比如光子對應著電磁場，電子和正電子對應著電子場，微中子和反微中子對應著微中子場等等，62 種

基本粒子對應著的基本場可以分為三大類：

(1) 第一類是實物粒子場，也叫費米子場。實物粒子（場）包括輕子和夸克以及它們的反粒子，它們均為自旋量子數為 1/2 的費米子。

(2) 第二類是規範場（mediated meson），也叫媒介子場。規範場由自旋為 1 或 2 的玻色子組成，它們是傳遞實物粒子之間的交互作用的媒介粒子，包括光子、膠子、W 和 Z 粒子、重力子，共 13 種。除重力子自旋量子數為 2 外（理論預言），其他 12 種自旋量子數均為 1。

(3) 第三類是希格斯粒子場，它由自旋為 0 的希格斯粒子組成。

19.2 粒子的產生與轉化

量子場論中，可以利用場在空間某一點上的強度，計算出找到對應粒子的機率。比如利用電磁場在空間某一點的強度，就能計算出在那裡找到光子的可能性。

場能量最低的狀態稱為基態，所有的場都處於基態時，就是真空態。場的能量增強稱為激發，當基態場被激發時，它就處在能量較高的狀態，稱為激發態。

量子場論認為，當某種場處於基態時，由於該場不可能透過狀態變化釋放能量，因而無法輸出任何訊號或顯現出直接的物理效應，觀測者也因此無法觀測到粒子的存在。但當場處於激發態時，就會產生相應的粒子，不同的場激發態，對應不同的粒子數目及其運動狀態。粒子的產生和湮滅，代表量子場的激發和退激發。因此，場是比粒子更基本的存在，粒子只是體現出激發態的場。

圖 19-1 所示，為一種用線條表示、場產生粒子的示意圖。一

條線表示一種場，水平直線表示基態場，水平線上隆起的峰表示場的激發。圖 19-1(a) 表示中子、電子、質子、微中子、光子等粒子所對應的場都處於基態，這時場所在的空間為真空，無法觀察到粒子；圖 19-1(b) 表示有一個質子和一個電子的狀態，它們被各自所對應的場激發產生。

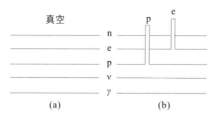

n—中子；e—電子；p—質子；ν—微中子；γ—光子

圖 19-1 場產生粒子的示意圖

按照量子場論，交互作用存在於場之間，無論是處於基態還是激發態的場，同樣都與其他場交互作用。粒子之間的交互作用，來自它們所對應的場之間的交互作用。圖 19-2 描繪了中子在 β 衰變後，變為質子、電子和反微中子的過程，圖 19-2(a) 表示中子場處於激發態，存在一個中子，其他場處於基態，沒有顯現出粒子；圖 19-2(b) 表示由於中子場與質子場、電子場與微中子場之間的弱交互作用，中子場退激發到基態，並放出能量，進而激發質子場、電子場和微中子場，表現為中子湮滅，產生了一個質子、一個電子和一個反微中子。圖 19-2 中 β 衰變的原因，是場之間的弱交互作用。

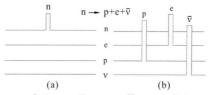

n—中子；e—電子；p—質子；ν—微中子

圖 19-2 中子的 β 衰變

量子的星際漂流
從打臉牛頓開始
Chapter 11
Chapter 12
Chapter 13
Chapter 14
Chapter 15
Chapter 16
Chapter 17
Chapter 18
Chapter 19
Chapter 20

根據量子場論，一對正反粒子可湮滅成一對高能 γ 光子，而一對高能 γ 光子在高溫下，亦可轉化為一對正反粒子。比如在 $T>10^{15}K$ 的溫度下，光子可轉化為質子和中子等粒子。

19.3　真空裡隱藏的奧祕

「真空」是指其中沒有任何實粒子的理想空間，是一種純淨空間。在自然界裡，大如廣闊的宇宙空間，小如原子內部的空間，都可以視為近似這種純淨。但人們印象中「真空是一無所有的虛空」這一物理圖像，是一個錯誤的圖像。大量理論和實驗表明，真空是一個具有一定物理性質、結構的物理實體。愛因斯坦曾指出：

「空間－時間未必能視為可以脫離物質世界的真實客體、獨立存在的東西。並不是物體存在於空間中，而是這些物體具有空間廣延性。這樣看來，關於『一無所有的空間』的概念就失去了意義。」

「狄拉克之海」是人們認識到「真空不空」的開端。如今，「狄拉克之海」的真空圖像已經被量子場論的基態場圖像取代，所有場都處於基態時的空間就是真空。

在真空狀態下，整個空間充滿各種場，只是因為每個場都處於基態而不顯現出相應的粒子，所以整個空間都沒有實粒子（實粒子指可觀測到的粒子）存在。但在普朗克時間尺度下，由於不確定關係的限制（$\Delta t \cdot \Delta E \geq h/4\pi$），能量的不確定性非常大，能量的劇烈波動會激發真空產生正反虛粒子對（虛粒子是不能被觀測到的粒子），這些虛粒子對就會迅速湮滅，像是虛粒子對從真空中借取能量從而被激發，然後瞬間湮滅將能量歸還於真空。

真空中，各種虛粒子對不斷產生、湮滅和相互轉化的現象，稱

為真空漲落（也叫量子漲落）。真空漲落揭示了真空與物質之間的深刻聯繫，揭示出真空是一切自然物質產生及變化的源頭。

有人會問：真空漲落產生的是我們看不到的虛粒子，既然看不到，如何判斷其出現過呢？下面一個實驗將會證明，雖然虛粒子來無影去無蹤，卻會留下曾經到此一遊的證據。

1947 年到 1952 年間，美國科學家蘭姆極精確地測量了氫原子中，電子軌域能量的微小變化（稱為蘭姆位移）。蘭姆位移激起了物理學家的研究熱潮，結果發現：原子內部是真空，其中會有正負虛粒子對的產生與湮滅，它能略為改變電子的軌域。電子軌域能量的理論計算值，如果不考慮真空的這種奇特效應就與實驗結果不符；反之，則與實驗結果精確一致，證明了真空中的虛粒子屬實。

近代物理實驗技術已經完全肯定：在基本粒子的相互轉變的過程中，真空直接參與。1928 年，狄拉克根據他建立的相對論電子方程式，預言了高能光子激發真空，可使真空產生正負電子對，而正負電子對又可湮滅為真空，同時放出光子。1929—1930 年，在美國加州理工學院深造的中國科學家趙忠堯發現：當高頻 γ 射線通過薄鉛板時，會產生他所謂的「反常吸收」（兩個光子產生一對正負電子）和「特殊輻射」（正負電子對湮滅為兩個光子）現象，從而最早觀察到真空中正負電子對的產生和湮滅，證實了狄拉克的預言。趙忠堯不但用 γ 射線從真空中「提取」出一對正負電子，而且測得正負電子對湮滅時輻射的光子能量為 0.5MeV，正好等於一個電子的能量。一對正負電子湮滅產生一對同等能量的光子，符合能量守恆，這個實驗使人類真正認識到真空並「不空」。

現在我們已經能夠從真空中「提取」出許多基本粒子。所有的反粒子，如反電子、反質子、反中子、反氫原子等，理論和實驗都判明：它們都是在真空中「提取」出一個正粒子後，在真空中留下

的一個「反粒子」。

　　我們既然能夠借助真空傳播能量，能夠從真空中「提取」物質，我們就應該能夠與真空交換能量。真空中零點能量（Zero-point energy）和背景輻射的認識，表明在廣闊的宇宙的「真空海」中，到處都進行著這種能量交換。

　　量子場論預示，真空只是一種能量最低的狀態，而並非能量為零的狀態，所以真空有能量。真空中蘊藏著一定的本底能量，它在絕對零度的條件下仍然存在，稱為真空零點能量。對卡西米爾（Casimir）力（一種由於真空零點電磁漲落產生的作用力）的精確測量，證實了這一物理現象。

　　1948 年，荷蘭物理學家卡西米爾提出了一項檢測真空零點能量存在的方案。由於真空漲落現象，真空中各種虛粒子對不斷產生、湮滅和相互轉化，所以真空中充滿著各種波長的粒子。卡西米爾認為，如果使兩個不帶電、鏡面平整的金屬薄板在真空中平行接近，兩板間較大波長的粒子就會被排除。於是，金屬板內能量密度變得比板外小，就會產生一種使金屬板相互聚攏的力，金屬板越靠近，兩板之間的吸引力就越強。

　　這個吸引力被稱為卡西米爾力，力的強度與金屬材料無關，它依賴於普朗克常數和光速。在真空中，如果兩個金屬板的面積為 $1cm^2$、相距為 $1\mu m$，那麼它們之間相互吸引的卡西米爾力約為 $10^{-7}N$ ——大致等於一個直徑為半毫米的水珠所受的重力。雖然這種力看起來很小，但在低於微米的距離內，卡西米爾力卻成為兩個中性物體之間最強的力。

　　1996 年，人們果然檢測到這種吸引力（卡西米爾力）的存在，而且與理論預測值相差不到 1%。1997 年，美國《科學》雜誌載文

聲稱：「這是一個會改寫所有教科書都的實驗。關於卡西米爾效應的實驗結果證明，真空中確實存在零點能量。」

按量子場論估算，真空能量密度竟高達 $2 \times 10^{103} \text{J/cm}^3$，這簡直比天文數字還天文數字；然而，天文觀測發現的真空能量密度僅為 $2 \times 10^{-17} \text{J/cm}^3$，差了 120 個數量級。於是問題就產生了：到底是誰錯了？這個問題一直困擾著物理學家和宇宙學家，誰是誰非只能等待將來的探索了。

宇宙中各種粒子都不停與真空交換能量，如果真空零點能量真的很大而且可以提取，無疑將成為人類所能利用的最佳能源。這將是一種取之不盡、用之不竭的潔淨能源，不過卻無法預知這一美好的願望何時能實現。

19.4 再析費曼圖：時間能倒流嗎？

第 11 章中我們介紹過費曼圖。費曼圖不僅提供了形象化的方法，讓我們能直觀探討量子場中粒子間的交互作用，而且它的線段和頂點在物理上有相應的含義，並精確對應數學方程式，提供了粒子間可能發生反應的一種途徑，能夠方便計算出一個反應過程的躍遷機率，故費曼圖成為量子場論研究中的一個重要工具。

費曼圖揭示出：當規範粒子（力的傳遞粒子）在兩個粒子之間交換時，我們所認為的一些過程就「真實地」發生了，從而說明粒子間的交互作用，讓我們能清晰看到實物粒子如何透過規範粒子的交換，產生作用力。

我們再來分析一下兩個電子交互作用的費曼圖，圖 19-3 是各種可能過程中最簡單的一種情況。在 A 點，一個電子發射出一個

光子（γ 射線），在 B 點，這個光子被另一個電子吸收，這樣就完成了一個光子的交換，結果是電子的動量改變，從而改變了速度和運動方向，這就是電磁交互作用過程。

在這幅圖中包含兩個三叉頂點 A 和 B。頂點是費曼圖的重要特點，表示粒子間的交互作用。頂點的重要特徵是：它由兩條費米子線和一條玻色子線交匯，是一個共性，世界上所有交互作用，最終都是由輕子和夸克在某個時空點發射或吸收規範粒子達成。

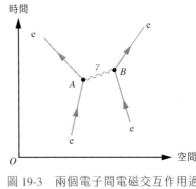

圖 19-3　兩個電子間電磁交互作用過程的費曼圖

需要注意的是，兩個頂點之間的連線稱為內線，內線是中間過程的物理機制，它所表示的粒子不可能被觀測到，是虛粒子；反之，向外發散的線是外線，它代表實粒子，實驗能觀測到。所以上圖中的 γ 光子無法被觀測到，電子則可以。

上圖還顯示出所有費曼圖的一個特點，即交互作用都是一種災變事件（catastrophe），在這一過程中所有粒子要嘛摧毀，要嘛產生。在 A 點，從左下方入無線電子被摧毀，產生了一個光子，與此同時產生了一個新的電子（能量與入無線電子不同），向左上方飛去；同理，從右下方入射的電子，吸收一個光子後也被摧毀了，同時產生了一個新電子朝右上方飛去。

再來看一個更奇妙的費曼圖。圖 19-4 展示了一個電子與反電子（即正電子）相遇的一種方式，它們互相湮滅後，在彼此相反的方向產生了一對光子。

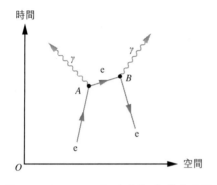

圖 19-4 電子－正電子湮滅過程的費曼圖

沿時間軸反方向的箭頭，表示正電子沿正時間移動，等效於沿負時間移動的帶負能量的電子

這裡又出現 A 和 B 兩個頂點。在 A 點，入無線電子發射一個光子，並且產生一個新的電子，新電子向 B 飛去，並在那裡遇到一個入射的正電子，二者互相湮滅，並且發射出另外一個光子。

注意：在費曼圖中，費米子的箭頭並不表示運動方向，而是為了標記正粒子和反粒子：與時間方向相同的箭頭代表正粒子，與時間方向相反的箭頭表示反粒子，所以圖中正電子箭頭與時間方向相反。

從圖 19-4 可以看出，費曼圖的奇妙之處在於：一個沿正時間移動的正電子，等價於一個沿負時間移動的電子。不單電子如此，其他粒子也一樣，意味著量子場論在微觀尺度上允許時間倒流。正負電子的湮滅過程也可以這樣理解：在 A 點，入無線電子發射一個光子，並且產生一個新的電子，新電子向 B 飛去，在那裡它發射出另外一個光子，然後變成一個沿負時間運動、帶負能量的電子。

不可思議是嗎？但費曼認為可以，因為兩種方式在數學上完全等價、沒有區別。

時間到底能不能倒流？目前看來，還是存在一個時間箭頭區分過去和將來，那就是熱力學第二定律。這個定律指出，在任何閉合系統中，混亂度總是隨時間而增加。這樣就使時間有了方向，時間

倒流看來不可能實現。

19.5 量子電動力學：精確度驚人的預測

粒子運動的主要特徵，是它們在時空中的產生和湮滅，而這主要來自於它們所對應的量子場之間的交互作用。在這個意義上，量子場論就是描述各種粒子體系運動方式的動力學模型。

量子場論的核心，是前述三種基本場的第二種——規範場。粒子之間的交互作用，就是透過交換規範場的粒子實現。規範場是傳遞交互作用的場，不同的規範場，傳遞不同的交互作用。四種基本交互作用對應重力場、強力場、弱力場、電磁場等四種規範場，規範場的粒子叫規範粒子。

人們最早認識的規範場是電磁場，電磁場的規範粒子是光子，電磁力的規範場論稱為量子電動力學（quantum electrodynamics, QED），描述帶電粒子與光子間的作用關係。

量子電動力學認為，兩個帶電粒子之間的電磁力，是透過交換光子產生交互作用，這種交換可以有多種不同的方式。下面以兩個電子之間的電磁力作用方式為例。

最簡單的方式（見圖 19-3）已經在 19.4 節中分析過，是一個電子發射出一個光子，另一個電子吸收這個光子。具體過程是：其中一個電子放出一個光子，此電子變成能量較低的電子；放出的光子向第二個電子移動並被吸收，於是第二個電子變成能量較高的電子；然後第二個電子再放出光子被第一個電子吸收。如此循環往復，光子在兩個電子之間不斷前後傳遞，把能量和動量從一個電子傳到另一個電子，每個電子的動量的變化率，等於另一個電子向它

施加的電磁力。

　　稍微複雜一點的方式，是一個電子發射出一個光子後，光子變成「電子－正電子」對，然後這個正負電子對相互湮滅，形成另一個光子，這個光子才被另一個電子吸收（見圖 19-5）。

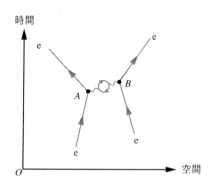

圖 19-5　兩個電子間電磁交互作用另一種過程的費曼圖

　　更複雜的，產生出來的正負電子對還可以再發射光子，光子可以再變成正負電子對……而所有這些複雜的過程，最終表現為兩個電子之間的電磁力。

　　由於這些過程我們從未見過，是從理論上推導出來，都是虛過程，這其中的粒子也都是虛粒子。既然從未有人見過虛過程，憑什麼說這些過程就是正確的？

　　有個描述電子自旋的物理常數叫 g 因子（一個磁矩和角動量之間的比例常數），如果沒有虛過程，g 因子在量子理論中的數值應該是 2，而按以上虛過程理論預測，則 g 因子數值為 2.00231930476。目前所測的實驗值是 2.00231930482，考慮到實驗的誤差，這個預測結果驚人吻合，使人們不得不承認以上理論的正確性。用費曼的話來說，這一精確度相當於測量紐約與洛杉磯之間的距離，而誤差只有一根髮絲那麼細。

19.6 量子色動力學：夸克禁閉

強力場的規範粒子是膠子，強力場的規範場論，稱為量子色動力學（quantum chromodynamics, QCD），描述夸克與膠子間的作用關係。但迄今為止，所有的實驗都未發現單一的自由夸克和自由膠子，即使用目前加速器所能產生的最高能量的粒子束，也無法從強子中轟擊出夸克與膠子。人們實在無能為力，只好把這種現象叫「夸克禁閉」（quark confinement）。

量子色動力學對此的解釋是：當夸克間距離介於 10^{-16} ～ 10^{-15} m 時，夸克的結合位能隨距離變大而線性增加；當夸克間距離達到 10^{-15} m 數量級（約等於原子核的空間尺度）時，結合位能隨距離增加而無限增大，導致「夸克禁閉」。

但夸克究竟是由於轟擊粒子束能量不足而暫時禁閉，還是只能存在於強子內部而永久禁閉，尚待實驗的檢驗。

量子場論雖然與實驗驚人地符合，但是也存在一些瑕疵。量子場論包含大量複雜和冗長的演算，而且在數學推演中會出現許多無窮大，需要透過所謂「重整化」消去。從這個角度來看，它也許還不是一個徹底、完整的理論。

Chapter **20**

超弦理論：萬物至理？

愛因斯坦在完成廣義相對論後，終其一生都將精力放在另一項偉大的工作上——統一場論。他希望能以一個統一的理論，解釋由廣義相對論描述的重力場、電動力學描述的電磁場。遺憾的是，愛因斯坦失敗了。而後來人們又發現了弱力和強力，若想建立統一理論，就必須把四種力統一，難度更大。目前，也許只有超弦理論以及在其基礎上發展起來的 M 理論，能帶來一絲希望之光。

Chapter 11
Chapter 12
Chapter 13
Chapter 14
Chapter 15
Chapter 16
Chapter 17
Chapter 18
Chapter 19
Chapter 20

20.1 統一理論的探索

對於物理學家來說，標準模型裡的粒子和交互作用太多，他們不相信自然界會如此繁複地造物，故希望用一個統一的理論框架描述標準模型，但當他們試圖將規範場論推廣到弱交互作用時，卻遇到困難。原因是根據規範場論，規範粒子的靜止質量應為零，而弱力的性質表明傳遞弱力的粒子有靜止質量。

1960 年代，格拉肖、溫伯格、薩拉姆等人在對稱性自發破缺概念的基礎上，統一弱力和電磁力，建立了弱電統一交互作用規範場論，稱為電弱統一理論（Unified Electro-Weak Theory）。該理論認為，弱力和電磁力在能量大於 1000GeV（$G=10^9$）時是統一對稱的力，其規範粒子的靜止質量為零；但當能量降低到 1000GeV 以下時，部分規範粒子在希格斯機制的作用下有了靜止質量，於是原本統一的電弱力就分化為電磁力和弱力，這個過程被稱為電弱統一相變。

電弱統一理論經過實驗檢驗，取得了巨大的成功，鼓舞物理學家研究將強力和電弱力統一起來的「大一統理論」（Grand Unification Theory），以及將所有力統一起來的「萬有理論」（Theory of Everything）（見表 20-1）。

表 20-1 各種統一理論所統一的基本交互作用力

理論	統一的基本交互作用力
電弱統一理論	電磁力、弱力
大一統理論	電磁力、弱力、強力
萬有理論	電磁力、弱力、強力、引力

大一統理論認為，強力在高能時變弱，而電磁力和弱力在高能時變強，當能量達到約 10^{15}GeV 以上時，三種力強度接近一致，因而可能是同一種力的不同方面。

大一統的能量標度 10^{15}GeV，是十分巨大的能量，它對應的溫度是 10^{28}K（太陽中心的溫度只有 1.5×10^7K），靠普通方法根本無法達到。然而根據現代宇宙學，宇宙是由 130 多億年前的大霹靂演化而來，其能量確實可能這麼大。因此，我們可以借助宇宙這一天然實驗室檢驗大一統理論。經估算：當宇宙的能量為 10^{15}GeV 時，宇宙大霹靂產生的時間尺度只有 10^{-35}s，空間尺度只有 10^{-31}m。

萬有理論認為，當能量標度大於 10^{19}GeV 時，四種力將統一為一種力。人們稱 10^{19}GeV 為普朗克能量，與之對應的時間和空間尺度分別為普朗克時間（5.4×10^{-44}s）和普朗克長度（1.6×10^{-35}m）。其主要觀點是：現有的四種力場，在大霹靂開始到普朗克時間這段時間，是超對稱的統一規範場；隨著能量下降，先後發生萬有相變、大一統相變和電弱統一相變三次自發對稱性破缺，最終形成了重力場、強力場、弱力場、電磁場等四種規範場。

大一統理論和萬有理論目前還在發展，尚未完全成型，它是現代物理學的最前沿，涉及了宇宙學、粒子物理學、廣義相對論、量子場論等理論物理的尖端領域。目前，物理學家已經發展出多種理論模型，其中比較受重視的有超弦理論、量子重力場論以及 M 理論（或叫膜理論）等。

我們可以梳理一下現代物理學的主要邏輯（見圖 20 - 1）。一是狹義相對論和量子力學結合，建立了量子場論（只涉及電磁力、弱力和強力）；二是把廣義相對論和量子力學結合，試圖建立有關重力作用的量子場論，又稱量子重力場論（不涉及電磁力、弱力和強力）。最終，我們可以把上述兩種邏輯合併，即把電磁力、弱力、強力和重力四者統一，這正是超弦／M 理論的雄心所在。

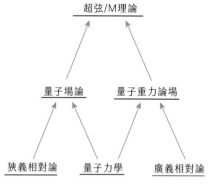

圖 20-1 現代物理學基礎理論的邏輯走向

▌20.2 宇宙的琴弦：超弦理論

1970 年代，人們已經成功用量子場論描述了電磁力、弱力和強力，卻在構建重力的量子場理論時遇到困難。重力由廣義相對論描述，一個使人尷尬的事實是：將廣義相對論和量子力學融和的所有計算，都得到一個相同的答案——無窮大。

1968 年，有物理學家偶然發現歐拉 β 函數能描述強力的大量性質；1970 年，物理學家證明，如果用一維振動的「弦」模擬基本粒子，那麼粒子的強力就能精確地用歐拉函數描寫，弦理論由此誕生。

1984 年，物理學家在弦理論中引入超對稱性（supersymmetry，將玻色子和費米子對應聯繫起來的一種對稱性，尚未被實驗證明），使其能夠自然地統一四種基本交互作用，這種超對稱性的弦理論被稱為「超弦理論」。

超弦理論和諧地統一了廣義相對論與量子力學，回答有關自然最基本的物質構成和力的原初問題。將重力自然引進量子理論，是

超弦理論最吸引人的特點之一，而無須「重整化」的數學技巧就能使無窮大消失，是另一個吸引人的特點，引發了研究熱潮，這就是所謂的「第一次超弦革命」。

超弦理論的基本思想是：所有基本粒子（輕子、夸克、光子、重力子等等）其實都是由一根一維的弦構成。弦可以有兩種結構：開弦和閉弦。開弦具有兩個端點（見圖20-2），閉弦是一個沒有端點的閉合圈（見圖20-3），這些弦一般只有普朗克長度（10^{-35}m）的尺度。

圖 20-2　兩端為節點的開弦

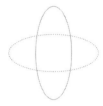

圖 20-3　振動的閉弦

超弦理論中，一個基本粒子的質量、電荷、弱荷、色荷等性質，都是由構成它的弦產生的精確共振模式所決定。如果弦振動劇烈，能量就大，根據質能關係，質量也就大。這就像我們撥動琴弦時，琴弦振動不同，發出的聲音也不同一樣。

但是，超弦理論卻對空間維度要求很高。為了有物理意義，它要求弦能在 9 個獨立的空間方向振動，也就是說需要 9 維空間，再加上時間，那就是 10 維時空。這 9 維空間除了我們熟悉的 3 維空間外，還有 6 個卷縮在普朗克長度尺度下的空間維。當然，這 6 個維度並非隨便卷曲，它們卷縮成所謂的卡拉比-丘流形空間

（Calabi-Yau Manifolds）
（見圖 20-4）。這 6 個維
度和弦的大小屬於同一
尺度，所以這些額外維
度的幾何形態將影響弦
的振動，從而影響粒子
的性質。

　　有成千上萬種卡拉
比 - 丘流形空間形態都
能滿足弦理論的要求

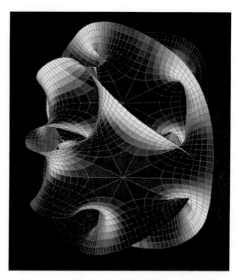

圖 20-4 卡拉比-丘流形空間的一個例子

　　1985 年，物理學
家又有了新的發現：超
對稱性可以透過五種方式和弦理論結合，且每一種都自洽（self-consistency）。也就是説，同時出現了五種超弦理論。這五種超弦
理論可以分為三大類：I 型、II 型（IIA、IIB）和雜化型（雜化 O
和雜化 E）。I 型理論中的弦可以是開弦也可以是閉弦；II 型理論和
雜化型理論中的弦都是閉弦。

　　除 I 型理論外，其他四種超弦理論都是閉弦。對於閉弦而言，
自然界中一切交互作用，只用一種交互作用就能解釋，那就是弦的
分裂和結合（見圖 20-5）。兩根弦可以結合成一根弦，一根弦也可
以分裂成兩根。

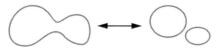

圖 20-5　閉弦的交互作用

　　對於費曼圖描述的物理過程，閉弦的交互作用提出了一種更直

量子的星際漂流

從打臉牛頓開始

Chapter 11
Chapter 12
Chapter 13
Chapter 14
Chapter 15
Chapter 16
Chapter 17
Chapter 18
Chapter 19
Chapter 20

觀的描述，比如圖 20-6 就是用弦表示兩個電子交互作用的時空圖。當一根閉弦在運動的時候，它在時空圖中掃過的軌跡是一根管子；當發生交互作用時，弦的分裂和結合就像管子的分離與交匯，人們把這種圖像形象地稱為「世界面」。

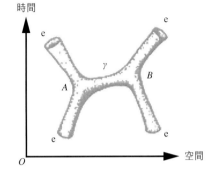

圖 20-6　兩個電子間電磁交互作用過程的時空圖，可以與圖 19-3 對比

20.3 M 理論：終極理論？

實際上，五種超弦理論的出現雖然令人驚喜，但也給物理學家帶來煩惱：為什麼會有這麼多呢？還不止這些，又有一種被稱做「11 維超重力」的理論加入萬有理論，它的基礎是點粒子，而不是弦。一下冒出這麼多「萬物至理」，讓人們既尷尬又不安。

這種困擾一直持續到 1995 年，美國物理學家愛德華·維騰（Edward Witten）提出一種能將五種超弦理論和 11 維超重力理論包容在一起的新理論—— M 理論，且能證明這 6 種理論只是 M 理論的某些極限情況。例如：如果 M 理論是一頭大象，那麼先前 6 種理論不過是大象的腳底板、尾尖和長鼻而已。

一石驚起千層浪，M 理論又向終極統一理論邁近一步，引起了超弦理論又一次研究熱潮，也就是所謂的「第二次超弦革命」。

M 理論的 M 代表什麼，眾說紛紜，但也許認為它代表「膜」更準確，所以 M 理論也叫「膜理論」。

在 M 理論中，空間又被擴展了一維，成為 10 維空間，加上時

間就是 11 維時空。超弦理論已經有了 6 個卷縮在普朗克長度下的維度，再加一個看起來似乎也無足輕重。但是，M 理論加入的這一新維度，卻不一定是微小的卷縮維度，而可以是一個非常大的維度。這改變了我們思考世界的方式，意味著「弦」會被拉伸為「膜」，基本物質組成不再只是一維的振動弦，還有零維的點粒子、二維的振動膜、三維的漲落液滴，以及不同維數的高維「膜」，一直到多達 9 維都有對應的結構。它們的尺寸幅度很大，小到可以描述基本粒子，大到可以包含所有可觀測空間。一般把 p 維的「膜」記為「p-膜」，比如弦是「1-膜」，我們所在的三維空間是「3-膜」。根據 M 理論，膜的相互碰撞產生了各種粒子，甚至連宇宙也是膜碰撞的產物。

可以說，第一次超弦革命，統一了量子力學和廣義相對論，發現了量子自洽的五種超弦理論；而第二次革命，統一了五種不同的理論，預言了一個更大 M 理論的存在。

20.4 平行宇宙

由於 M 理論中的新增維度可以非常大，故能如此推測：我們的宇宙，可能是漂浮在一個更高維度空間中的 3-膜。換言之，高維空間中有很多 3-膜，也就是說有很多平行宇宙，我們的宇宙只是其中一個而已。這個圖像我們無法直觀想像，只能用三維空間中的二維宇宙類比。如圖 20-7 所示，從三維空間觀察，一系列二維宇宙近在咫尺，但對於只能感知到兩個維度的生物來說，他們根本看不到別的宇宙；同理，也許另一個宇宙在四維空間中近在咫尺，我們卻根本無法察覺。

量子的星際漂流

從打臉牛頓開始

Chapter 11
Chapter 12
Chapter 13
Chapter 14
Chapter 15
Chapter 16
Chapter 17
Chapter 18
Chapter 19
Chapter 20

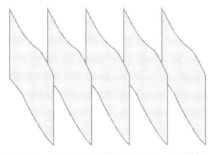

圖 20-7 三維空間中的二維宇宙雖然距離很近，它們卻無法互相探測到

M 理論中這種平行宇宙，與艾弗雷特在多世界詮釋（見 13.5 節）中構造的平行宇宙不同，打個比方來說：M 理論中的平行宇宙是一個個各不相同的人，而艾弗雷特的平行宇宙是一個人不斷分裂成新的、類似的人。就個人而言，我認為艾弗雷特的分裂很荒唐，而存在各不相同的平行宇宙則很正常，因為既然宇宙可以誕生，就沒有理由認定只誕生了我們這個宇宙。

M 理論的一個關鍵因素，是狄利克雷膜的概念，簡稱 D 膜。人們證明，開弦的兩端會很自然地黏在 D 膜上，而閉弦則沒有這個約束。可以用開弦表示夸克、輕子、光子等大多數粒子，只有重力子例外，因為它是由閉弦描述。因此，除了重力子之外，所有粒子都很自然地黏在 D 膜上；另一方面，重力子會自由離開一個 D 膜，飛到其他維度中。也就是說，重力子可以在更高維度的空間穿梭。

我們的宇宙就是一個 D 膜，這就解釋了為什麼重力會比其他三種力弱了 30 多個數量級。其實重力本來很強，但重力子四散，使強度泄漏到其他維度，所以我們宇宙感受到的重力非常微弱；與之相反，其他三種力的傳遞粒子被牢牢固定在我們的宇宙中，所以我們感受到的力才異常強大。

如今，M 理論仍在發展中，M 理論本身的理論框架還沒有完全建立。關鍵是：超弦理論和 M 理論還沒有經過嚴格的實驗驗證，

也沒有完全被科學界接受。這其中，超對稱性是很關鍵的一個問題，因為超對稱性要求一個費米子和一個同質量的玻色子兩兩配對，而這在自然界中從來沒有發現過。作為通向宇宙終極理論的一塊奠基石，其結果如何，只能等待時間的檢驗。

▌附錄　是否存在交叉宇宙？

　　關於宇宙，我還有一些個人想法，在此提出來與讀者探討。

　　目前的平行宇宙，都是把所有宇宙定義為與我們宇宙三維方向平行的三維空間。也就是說，假如說空間有四個維度 (w, x, y, z)，那麼所有平行宇宙都處於 (x, y, z) 方向的空間內，它們都看不到另一個維度 w。但我有一個疑問：為什麼沒有處於 (w, x, y) (w, x, z) (w, y, z) 三維空間的宇宙呢？如果有這樣的宇宙的話，它將與我們的宇宙有一個交叉面。比如 (w, x, y) 空間將與我們的 (x, y, z) 空間有一個 xy 交面。在 M 理論中，空間有十個維度，那麼平行宇宙將會與我們的宇宙有多少交匯呢？暗物質與暗能量是否與這種交匯有關呢？

　　作為直觀的類比，圖 20-8 展示了三維空間中，二維平行宇宙與交叉宇宙的區別。

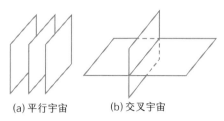

(a) 平行宇宙　　　　(b) 交叉宇宙

圖 20-8　三維空間中的二維平行宇宙互不干涉，而交叉宇宙則有一條交線

Chapter 21

宇宙大霹靂

宇宙是人類永恆的話題，就像孩子總愛問媽媽自己是怎麼來到這個世界一樣，人類總是希望知道創造自己的宇宙是如何誕生，對宇宙演化的探索，就是人類對自己生存環境的終極探索。

宇宙是如此浩瀚，以至於用人類常用的距離單位遠遠無法度量。宇宙中最常用的距離單位是光年，1 光年就是光在真空中一年走過的距離——94600 億公里。目前觀測宇宙學告訴我們，宇宙中可觀測的天體可分為行星、恆星、星系、星系團、超星系團、觀測所及的宇宙（總星系）等層次，但宇宙中大量的暗物質和暗能量還是未解之謎。從大尺度來說（大於 1 億光年的尺度），宇宙中物質是均勻分布和各向同性（isotropy，指物體的物理、化學性質不因方向而有所變化的特性，即在不同方向所測得的性能數值相同），據此可推斷：宇宙中所有位置都是等價，不存在宇宙中心，也沒有邊界。

宇宙一個重要的特徵，就是它不斷膨脹，人們才建立了以大霹靂為主要特徵的宇宙模型，解釋宇宙及物質的起源。

▌21.1 膨脹的宇宙

1842 年，奧地利物理學家都卜勒指出，如果光源和觀察者之間有相對運動，觀察者接收到的光源波長會有所變化。如果光源離我們而去，我們接收到的波長變長；如果光源朝我們而來，我們接收到的波長變短，這種現象稱為都卜勒效應。對於可見光來說，波長變長，就是往紅光方向移動，所以光源離我們而去，叫紅移；反之，光源朝我們而來，波長往藍光方向移動，叫藍移。

從 1912 年開始，美國天文學家斯里弗開始研究星雲的光譜；經過幾年的觀察，他發現絕大多數星雲的光譜線與正常元素的光譜線相比，整體向長波一端移動了一段距離，也就是發生紅移。而根據波長紅移的移動量，就可以計算出星系與我們的距離，也可以計算星系的退行速度。

後來美國天文學家哈伯著手這方面研究。哈伯首先確認星雲是在銀河系之外的另外星系，再研究星系光譜紅移的規律。1929 年，他總結出一個規律：星系的退行速度，與它離我們的距離成正比，這條規律被稱為哈伯定律。

現在人們已經觀測到 1250 億個星系，除了幾個離銀河系最近的星系外，其他星系都在紅移。紅移現象表明：星系正飛快地遠離我們，距離越遠的星系退行速度越快，星系間的距離不斷變大，也就是宇宙正在膨脹！這個結論，被認為是二十世紀最偉大的天文學發現之一。

幾個離銀河系最近的星系顯示出微小的藍移現象，例如仙女座星系的光譜與我們相比發生藍移，因為太陽系在繞銀河系中心運動，正好朝著仙女座星系運動，仙女座星系離我們近，退行速度慢，所以抵消了仙女座星系的退行。

　　有人會問：為什麼所有星系都離我們遠去？難道我們處於宇宙中心嗎？

　　事實上，宇宙並不存在中心，在膨脹的宇宙中，所有星系都在互相退行。在任何一個星系中觀測，都能看到其他星系在離它遠去。宇宙膨脹絕不是像炸彈爆炸一樣，有一個中心爆炸點，而是一個三維空間的膨脹過程，只有站在四維空間才能完整觀察到三維空間的膨脹，這對我們來說很難直觀想像，只能以類比的方式用二維空間的膨脹說明。

　　下面我們從三維空間中觀察一個二維空間的膨脹，這個二維空間是一個正在膨脹的氣球表面，宇宙中的星系就像點綴在氣球表面上的點（見圖 21-1(a)）。氣球膨脹時，從任何一點來看，其他點都在遠離，兩個點遠離對方的速度與它們之間的距離成正比（見圖 21-1(b)）。要知道，並不是這些點在運動，而是這個二維平面空間在膨脹，所以空間各點相互遠離，但這些點的空間相對位置並沒有變化。同理，我們的宇宙空間就是一個三維閉合球面，愛因斯坦在其著作《狹義與廣義相對論淺說》中第 31 節〈一個「有限」而又「無界」的宇宙的可能性〉中寫道：

　　「對於這個二維球面宇宙，我們有一個類似的三維比擬，這就是黎曼發現的三維球面空間。它的點同樣也是等效……不難看出，這個三維球面空間與二維球面十分相似。這個球面空間有限（亦即體積是有限的），同時又是無界。」

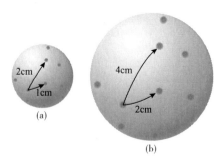

圖 21-1 當氣球膨脹時，表面各點相互遠離，不存在膨脹中心

　　我們遠離其他星系，是由於空間在膨脹，並非由於每個星系自身的運動。比如距離我們幾十億光年遠的星系，其退行速度高達每秒十萬公里（光速的 1/3），星系本身根本不可能這麼快速，而是空間膨脹才導致空間各處的星系能以如此驚人的速度相互遠離。

　　此外，我們由氣球表面上各點一致的地位，可以看到這個氣球表面並不存在膨脹中心，也不存在任何邊緣，所以在這個氣球表面的人不會掉出去；同理，如果有人要尋找宇宙的邊緣，那永遠也找不到，因為宇宙空間並非平直空間。宇宙是一個封閉的四維時空，雖然體積有限，但不存在邊緣。假如你能坐著太空船沿著在三維空間中感覺到的直線，在宇宙中一直走下去，那麼最後還是會回到出發點。就像二維球面世界裡的人沿直線一直走最後會回到起點一樣，他認為他一直在向前，實際上三維空間的觀察者會看到他繞了一個大圈；同理，你在宇宙中沿著你認為的直線方向一直向前，實際上四維空間的觀察者會發現你正在三維空間繞一個大圈。但是，三維空間裡的大圈是什麼樣子，只能感知三維的人類無法知曉，就像二維球面裡的人只有跳到三維，才能看到二維的閉合球面一樣，我們只有站在四維空間，才能看清三維閉合球面的結構，但這不可能辦到。

■ 21.2 廣義相對論與宇宙學

現代宇宙學建立在愛因斯坦廣義相對論基礎上。1916 年，愛因斯坦將狹義相對論推廣為廣義相對論，把萬有引力納入相對論的框架，提出了物質會使時空彎曲，而重力場實際上就是彎曲時空的觀點。也就是說：重力實際上就是物體在彎曲時空中運動的表現。物理學家惠勒曾用一句話來概括：

「物質告訴時空如何彎曲，時空告訴物質如何運動。」

時空可不是軟柿子，不是隨隨便便就能彎曲，只有具有天體質量的物體才能使它明顯彎曲。我們可以設想一下：你把一個鐵球放到橡膠墊上，鐵球周圍的墊子會被壓出一個凹洞，橡膠墊彎曲，但是這個鐵球能使時空彎曲多少，基本上就是零了，故時空的彎曲程度可以忽略不計。我們可以做一個簡單的比較：假設橡膠墊的硬度為 1，那麼鋼的硬度是 10^{11}，時空的硬度則高達 10^{43}，如此高的硬度，也只有天體能讓它彎曲！

時空竟然比鋼鐵還堅硬億萬倍，這太荒謬了吧？這也許是你的第一反應。但讓我們靜下心來好好思考，就會發現完全可以理解。鐵球能讓橡膠墊彎曲，是因為橡膠墊支撐了鐵球的質量，如果放在一張紙上，鐵球就會把紙壓破，所以橡膠墊比紙堅硬。再想想：什麼東西能承載質量是天文數字的各種天體呢？唯有時空！天體不停地運動，就像鐵球在橡膠墊上不停滾動，天體可以把經過的時空「壓」彎，卻不會掉出去（如果掉出去，就到另外一個宇宙的時空中了）。

關於時空的硬度，還可以換一個角度來看：時間一旦流逝難以改變，想讓時間維度伸縮是難上加難，這豈不是堅硬無比嗎？

當然，時空的彎曲和橡膠墊的彎曲不同，因為橡膠墊是三維物

體，我們很容易看到它的彎曲；而時空是四維，四維時空本身就很難想像，想像其如何彎曲就更加困難。假如有一個生活在橡膠墊表面（圖 21-2 的 xy 平面）的二維人，他無法想像橡膠墊在厚度方向（z 方向）的彎曲，只能透過測量 xy 平面的彎曲，間接證明 z 方向的彎曲。如果你非常想知道四維時空彎曲的圖像，那麼可以把圖 21-2 中的 xy 平面看作三維空間，z 軸看為時間軸，那麼時空的彎曲就是圖中的樣子。當然，我們雖然難以想像四維時空的彎曲是什麼樣子，但可以間接證明它。愛因斯坦根據時空彎曲預言的天文學現象，後來被一一驗證，證明時空彎曲真實存在。

愛因斯坦指出：在重力場中，自由粒子沿時空短程線運動。大質量的天體會使周圍的時空明顯彎曲，從而彎曲通過其中的光線。當然，光沿著最短路徑前進，但由於空間本身被彎曲，所以在空間中行進的光線也跟著彎曲，而不可能突破三維空間到四維空間中直線行進。

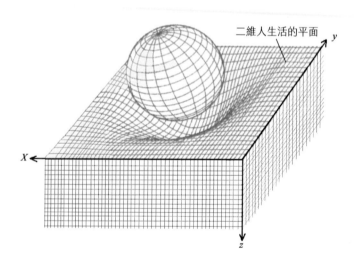

圖 21-2 生活在 xy 平面內的二維人，無法想像 z 方向的彎曲

無線電天文學的發展，為驗證光在重力場中的偏轉提供了精確

的工具。如果射線星發射的電磁波（也就是光）經過太陽旁邊，相應的電磁波就會因為重力場而偏轉。1974 年，美國科學家利用兩個相距為 3000km 的無線電望遠鏡，測量了波長為 11.1cm 的無線電波，結果表明：經過太陽附近的無線電波確實發生偏轉，這就證明了太陽附近的空間確實被彎曲。科學家還透過光譜線重力紅移和雷達回波延遲等效應，證明大質量天體附近的時間也被彎曲。

時空的性質由重力決定，即由產生重力的物質決定。廣義相對論的重力場方程式（又稱愛因斯坦場方程式），是廣義相對論的核心，以數學精確地描述了物質運動與時空的幾何結構關係。重力場方程式並不複雜，但它竟然可以描述宇宙的創生及演化過程，實在是讓人驚嘆；而現在的宇宙模型，就是建立在廣義相對論的基礎上。

1917 年，愛因斯坦在提出廣義相對論後不久，就開始思考如何將這一理論用於宇宙研究。當時天文學家僅僅了解銀河系，甚至認為銀河系就是整個宇宙，自然而然地就認為宇宙是靜態——既不膨脹，也不收縮。但愛因斯坦驚訝地發現：重力場方程式描述的宇宙是動態，不是膨脹就是收縮，永遠不會靜止。而為了使宇宙保持靜態，愛因斯坦只好假設有另外一個反重力與重力抗衡。於是他在重力場方程式中引入了一個新的常數，並稱為「宇宙常數」，用希臘字母 λ 表示。

1929 年後，天文學家已經明白銀河系只不過是諸多星系中的一個，而遙遠的星系正在離我們而去，宇宙不是靜態，而是膨脹。愛因斯坦得知後馬上放棄了宇宙常數，並將引入宇宙常數評價為自己一生中「最大的失誤」。

山重水複疑無路，柳暗花明又一村。從 1998 年起，越來越多的天文觀測證據表明，宇宙不但在膨脹，而且在加速膨脹，意味著

的確有一個與重力相抗衡的力，宇宙常數可能確實存在。現代量子宇宙論認為，宇宙常數是宇宙量子真空漲落的結果，等效於真空能量密度。也就是說，愛因斯坦的宇宙常數在今天看來就是真空能量（Vacuum energy）。但人們發現當前宇宙的常數值太小，而且宇宙常數與現在的宇宙物質密度居然具有相同的數量級。對此，現有物理學理論還無法合理解釋，因此宇宙常數問題也成為物理學和天文學上的重大疑難之一。

廣義相對論解釋了宇宙天體中的許多現象，預言了黑洞、蟲洞等的存在，開闢了探索宇宙本質的新視野，為現代宇宙學奠定了堅實的基礎。

▌21.3 宇宙理論的發展

1932 年，比利時天文學家勒梅特首次提出宇宙大霹靂的假設，這一假設可在愛因斯坦廣義相對論的框架內解釋星系的退行。1948 年，移居美國的蘇聯物理學家伽莫夫，在勒梅特的基礎上正式提出宇宙大霹靂理論，認為宇宙是由一個無限緻密熾熱的「奇異點」（singularity），於一百多億年前的大霹靂後膨脹形成。

宇宙模型中的空間有限，但沒有邊界。所以大霹靂的爆炸並非我們日常生活中見到的爆炸，而應該理解為空間的急劇膨脹，整個空間就像是二維球面一樣，能彎曲回原來的三維閉合球面。

伽莫夫在 1948 年有一個驚人的預言：宇宙演化過程中殘留下來的電磁波（以光子的形式）在宇宙中自由傳播，成為大霹靂的「遺蹟」殘存至今，但是其溫度已降低到趨近於絕對零度，就是所謂的「宇宙微波背景」。1965 年，美國科學家彭齊亞斯和威爾遜在微波波段上，探測到有熱輻射譜的宇宙微波背景，溫度大約

為 3K，驗證了伽莫夫的預言。隨後，更多科學家在更多的波段內驗證了背景輻射的存在，為大霹靂宇宙學模型提供了令人信服的證據。圖 21-3 為歐洲太空總署根據「普朗克」太空探測器傳回的數據，繪製的宇宙微波背景圖。

反映了宇宙誕生 38 萬年後的景象，亮的地方溫度高，暗的地方溫度低，溫差幅度約 0.0002K

圖 21-3 宇宙微波背景全景圖

到 1980 年代初，科學家修正了大霹靂理論，提出了暴脹宇宙模型，認為宇宙初期曾經發生過膨脹速度快到無法想像的超急遽膨脹。就宇宙膨脹來說，這一插曲極其短暫，暴脹僅僅從大霹靂開始後 10^{-36}s 持續到 10^{-32}s，但暴脹卻使宇宙從比原子還小的體積，擴張到直徑約 10cm 的球體。從某種意義上說，暴脹的速度超過了光速，因為要想通過 10cm 的空間，光需要 3.3×10^{-10}s 的時間。不過暴脹是空間自身的膨脹，並非某種物體在以超光速運動，故這有可能發生。

至此，大霹靂理論比較完善，但還剩下一個最讓物理學家頭痛的問題——宇宙誕生時的「奇異點」問題。

奇異點出現了物理上不期望的無窮大量（無窮大密度、無窮大壓力等，我們在第 3 章中討論過，無窮是一個純數學概念，在物理中不適用）。在大霹靂的奇異點，一切科學定律都失效，所以奇異點不可能真實存在，這就構成宇宙學最大的疑難：奇異點疑難。為了破解這個難題，出現了用量子理論研究宇宙起源問題的量子宇宙

學（Quantum cosmology），因為宇宙誕生時的尺度極小，顯然屬於量子力學的研究範疇。

1982 年，霍金等人提出了結合量子力學和廣義相對論的量子重力理論，研究宇宙起源問題，這一理論的特徵，是用費曼的路徑積分處理愛因斯坦的重力理論。霍金用宇宙波函數描述宇宙的量子狀態，波函數得出宇宙按照特徵量分布的機率幅，因此在量子力學的意義上，這種描述完備。霍金的量子宇宙學可以「無」中生「有」（to give everything from nothing），避免「奇異點」出現。在霍金的宇宙裡，時間和空間構成了一個四維閉合球面。

老子在《道德經》的開篇就指明：「無，名天地之始；有，名萬物之母。」這種樸素的哲學思想，竟和現在宇宙「無中生有」的起源論不謀而合。

▍21.4 宇宙的演化

2013 年 3 月 21 日，歐洲太空總署修正宇宙的精確年齡為 138.2 億歲。儘管宇宙如此古老，物理學家仍然能根據天文學觀測結果和廣義相對論等理論，提出合理的模型計算宇宙的過去、推斷宇宙的演化圖景，實在讓人驚嘆。根據量子宇宙論、大霹靂宇宙論（含暴脹宇宙論的修正），可以大致勾勒出宇宙的起源和演化歷程。

（1）量子重力時代（$0 < t < 5.4 \times 10^{-44}$s）

宇宙由一個不存在時間和空間的量子狀態（「無」狀態）自發躍遷（即所謂「大霹靂」）到有空間、時間的量子狀態。因為量子狀態量子化，所以不存在中間過程，宇宙「無中生有」地誕生了。在這個時期，物質場的量子漲落，導致時空本身發生量子漲落，並

不斷膨脹，空間和時間混沌交織，時空沒有連續性和序列性，因而前後不分、上下莫辨。此時四種基本交互作用不可區分，是一種統一的力，此時的時空為虛時空。

（2）普朗克時代（$5.4×10^{-44}$s$<t<10^{-36}$s）

當時間等於普朗克時間（$5.4×10^{-44}$s）時，虛時空發生萬有相變，實時空形成，粒子產生。相變點的能量是 10^{19}GeV，溫度為 10^{32}K。此時時間和空間可以測量，但夸克和輕子不可區分，二者可以相互轉化。相變破壞了力之間的對稱性，重力首先分化出來，但強力、弱力、電磁力三種力仍無法區分。

（3）大一統時代（10^{-36}s$<t<10^{-32}$s）

隨著宇宙溫度繼續下降，時間繼續膨脹，當 $t=10^{-36}$s 時，溫度降至 10^{28}K，發生大一統真空相變。相變過程中釋放的巨大能量，使時空以指數規律急遽暴脹，直到 10^{-32}s 最後完成大一統相變。相變後，宇宙的空間尺度增加了 10^{50} 倍，強力分化出來，夸克與輕子相互獨立。

（4）夸克—輕子時代（10^{-32}s$<t<10^{-6}$s）

這段時期開始時，弱、電兩種力不可區分。直到 $t=10^{-12}$s，溫度降至 10^{16}K 時，電弱統一相變，中間玻色子基本消失，電磁力與弱力成為兩種力。

（5）強子—輕子時代（10^{-6}s$<t<$1s）

$t=10^{-6}$s 時，溫度降至 10^{12}K（克氏 1 萬億度），出現夸克禁閉，凝聚成強子（即重子和介子）。這一時期的粒子—反粒子對不斷產生和湮滅，但產生的重子比反重子多了近十億分之一，因而今天的

宇宙是以正物質為主的宇宙。$t=10^{-4}$s 時，溫度降至克氏 1000 億度，宇宙進入輕子及其反粒子占主要地位的時代，重子主要只剩下質子和中子。這時的主要特徵，是粒子間的轉化產生了大量的光子和微中子。

（6）輻射時代和核合成時代 $1s<t<3.8\times10^5$a（38 萬年）

當 $t=1s$ 時，溫度降為克氏 100 億度，中子轉變為質子的反應率，超過質子轉變為中子的反應率，因而總體上中子開始衰變為質子。正負電子不斷湮滅轉化為光子。這時，光子數大大超過有靜質量的粒子，每個質子或中子都對應著 10 億個光子，宇宙以光子輻射為主，進入輻射時代。輻射（即光子）是一種能量形式，輻射密度（單位體積空間中的輻射能量）可以用溫度來表示。

$t\approx3min$ 時，溫度降為克氏 10 億度，中子數與質子數之比約為 1：7。此時，質子和中子開始結合成包含一個中子和一個質子的氘核，氘核又很快結合成氦核。$t\approx30min$ 時，中子基本都與質子結合為氦核，剩餘的質子就是氫核，所以氦核與氫核質量比約為 2：6。中子在原子核中很穩定，於是宇宙中的中子數與質子數之比不再改變，一直延續至今。雖然有自由的原子核和自由的電子，但此時光子能量極高，足以擊碎任何剛形成的原子，所以沒有穩定原子形成，宇宙處於電漿狀態。電漿像一團糨糊一樣布滿宇宙，光子在其中四處亂撞。光子、核子和電子之間透過電磁交互作用緊密耦合，互相碰撞散射，從而形成平衡態。

$t\approx3.8\times10^5$a（38 萬年）時，溫度降至 3000～4000K，物質密度與輻射密度基本上相等，光子能量不足以擊碎原子，自由電子開始被原子核俘獲，形成穩定的原子（主要是輕元素）。從此，自由核子和電子數大大減少，光子終於獲得了自由運動的空間，宇宙開始變得透明，進入以物質為主的原子時代。這個 3000～4000K 的

光子輻射不再被吸收，不斷冷卻至今，成為溫度 3K 左右的宇宙微波背景。

（7）星系形成時代 $3.8 \times 10^5 a$（38 萬年）$<t<$ 10 億年

在這個階段，宇宙內的實物粒子從電漿氣體演化為氣狀物質。隨著宇宙繼續膨脹和降溫，氣狀物質被拉開，形成原始星系，進而形成星系團，再從中分化出星系。理論和觀測結果共同顯示，最初的一批星系和類星體誕生於大霹靂後 10 億年，從那以後，更大的結構（如星系團和超星系團）開始形成；再後來，星系進一步凝聚成億萬顆恆星。在恆星演化過程中，又形成了行星和行星系。

以上，概略介紹了宇宙的演化史，其中一些具體的數據尚有爭議，但大致的過程基本上已取得廣泛共識，目前的實驗數據基本上也支持上述理論。但宇宙學還在發展，而未來人們會如何修正此模型，就很難說了。

21.5 恆星的演化

由熾熱氣體所組成、憑藉內部核反應而能夠自己發光的天體，稱為恆星。銀河系包含約 2000 億顆恆星，太陽只是其中普通的一員。

恆星亦有誕生、穩定和衰亡的演化過程，這一過程大約要持續幾十億甚至上百億年。在恆星的形成和演化中，萬有引力的作用非常關鍵。

大霹靂後約 10 億年，宇宙中充滿了以氫原子和氦原子組成的星際氣體。星際氣體透明、極度稀薄，在宇宙大尺度範圍內基本上均勻，然而也存在一些局部區域的密度漲落。如果某區域的氣體密

度稍高於周圍區域，那麼這一區域就會因重力稍強而吸引更多物質，使該區域的密度、溫度變得更高。經過漫長演化，隨著密度的增加，氫原子結合成 H_2 分子，產生巨大的星際分子雲（Molecular cloud）。

當星際分子雲內部出現密度更高的部分時，會因為重力，吸引周圍物質。這些物質旋轉著向中心聚集，不斷收縮，於是中心出現了一個核，核周圍則形成旋轉的氣體圓盤。至此，已具備一顆恆星的誕生條件。隨著重力收縮，核心的溫度、壓力、密度持續變大，H_2 分子重新分解為氫原子。當核心溫度達到 $1 \times 10^7 {}^\circ C$（攝氏 1000 萬度）時，開始氫核融合為氦的核融合反應，一顆耀眼的恆星自此誕生。

恆星自誕生起，中心就進行著熊熊的氫核融合反應，每 4 個氫原子核（即質子）融合成一個氦原子。氫核融合反應放出的巨大核能猛烈衝擊恆星外部，阻止重力收縮，從而維持內部壓力與重力的平衡，讓恆星在這一過程能保持穩定。這一穩定漫長的過程，約占恆星整個核燃燒時長的 99%，這一階段的恆星被稱為主序星（Main sequence）。我們的太陽就處於主序星階段，它每秒鐘都會失去 $4.3 \times 10^6 t$（430 萬噸）的質量（6 億噸氫核融合為 5.957 億噸氦），即便如此，它至少也可以燃燒 100 億年，太陽如今已走過其一半的生命歷程。

當恆星中心的氫全部核融合為氦後，大小不同的恆星接著會朝不同方向演化：

(1) 質量小於一半太陽質量的恆星，由於中心溫度和密度不足以點燃氦核融合反應，將直接由主序星演化為白矮星。白矮星呈白色，體積很小，多數比地球還小，但密度相當大，每立方公尺可達幾百萬噸到上億噸之巨。

(2) 質量大於一半太陽質量的恆星、但小於 8 個太陽質量的恆星，將由主序星演化為紅巨星，再演化為白矮星。

當這類恆星中心的氫全部核融合為氦後，中心能量劇減，輻射壓力不足以與重力抗衡。因此，有著氦核和氫外殼的恆星中心又開始重力收縮，溫度、壓力、密度隨之升高，於是外殼的氫被點燃並猛烈膨脹，恆星的體積變得十分巨大並發出明亮的紅光，這種狀態的恆星被稱為紅巨星。50 億年後，太陽將變為紅巨星，那時，它的亮度將增至如今的 100 倍，體積會膨脹 100 萬倍以上，整個地球都會被膨脹的太陽所吞噬。

當恆星中心區收縮到約攝氏 1 億度的高溫時，中心的氦被點燃，發生氦核融合反應，氦原子會核融合成碳原子和氧原子：

$$3\ {}^4He \longrightarrow {}^{12}C+\gamma$$
$$^{12}C+{}^4He \longrightarrow {}^{16}O+\gamma$$

於是恆星又進入了一個新的核燃燒階段。

質量小於 8 個太陽質量的恆星，在經歷了紅巨星階段後，外層物質被大量拋灑到宇宙中，形成星雲，留下的核心質量小於 1.44 倍的太陽質量，此核心會繼續收縮，但它的重力還不足以引發碳元素的核融合，所以最後會變成一顆碳－氧型白矮星。

(3) 大於 8 個太陽質量的恆星，在經歷紅巨星階段後，會發生超新星爆發，把大部分物質拋灑到太空，剩下的核心變為中子星或黑洞。

如果恆星質量夠大，氦燒盡後，重力收縮又會使中心區的碳被點燃，發生碳核融合，生成氧、氖、鈉、鎂、矽等較重元素。如此，新的核燃燒就會接續進行：碳之後，氧燃燒，然後是矽、鎂等，直到恆星中心大部分剩鐵核時，核融合反應方終止。鐵是核物質中最穩定的元素，它不會核融合，因此中心鐵核不再產生熱能，

如此，恆星就會因為核心失去支撐而極速塌縮，發生劇烈的核爆炸，稱為超新星爆發（supernova outburst）。

超新星爆發是宇宙中最劇烈的爆炸，大恆星這種炫麗死亡方式所釋放的能量，超過太陽在 100 億年中放出的能量總和的 100 倍。如此巨大的能量，會在一瞬間核融合出宇宙中所有元素，這些元素就成為生命誕生的原料。超新星爆發噴發出的星塵在宇宙中飄蕩，我們的星球和身體都由這些星塵組成。可以說，生命產生的代價很昂貴，因為它需要一顆大恆星的壯烈犧牲。

超新星爆發後，恆星的中心殘骸質量大於 1.44 倍的太陽質量，巨大的壓力會把電子擠壓到原子核中，與質子形成中子，最後形成的穩定天體就是中子星。中子星幾乎就是一個個中子緊挨排列而成的巨大原子核，密度可達每立方公分 $1 \times 10^9 t$（10 億噸）。中子星的質量上限為 3.2 倍的太陽質量。

如果超新星爆發後，恆星的中心殘骸質量大於 3.2 倍的太陽質量，那麼中子也無法抵擋重力塌縮，這時天體就會塌縮為黑洞。之所以稱為黑洞，是因為任何物質和輻射，包括光，在如此強大的重力作用下都不能逃離該天體，外部觀測者無法觀測到它。

以上，就是恆星的生命過程，壯麗而多變。恆星的能量來自核能，但宇宙中還有一種類似恆星的類星體（quasar），其輻射功率（光度）可達恆星的 $10^{10} \sim 10^{15}$ 倍，而且其輻射功率可以在一天內增加一倍，其能量顯然不可能來自核能，它們的能量到底從何而來，至今仍是個謎。

▌21.6 暗物質與暗能量之謎

1932 年，荷蘭天文學家揚·歐特，研究了銀河系外緣星體所受的萬有引力，驚訝地發現：這些星體受到的重力，比我們能看到的發光星體所產生的重力大很多。他據此估算了銀河系的總質量，發現這個質量大於可見星體總質量的兩倍。

當時人們對宇宙的研究才剛起步，沒有人重視這個發現，幾十年就這樣過去了。

到了 1960 年代，美國天文學家薇拉·魯賓等人在觀測螺旋星系的轉速時，又發現了這個現象。按正常情況，離星系中心越遠，受到的重力越弱，所以星系外緣的星體運動速度應該隨距離增加而越來越小，但結果卻令人吃驚：處於不同距離的外緣星體運動速度基本上一致，不受距離影響。也就是説，有別的看不到的東西吸引著它們，補足了重力強度。於是他們只能得出這樣的結論：螺旋星系中大部分物質都是彌散開、看不見的，但除了觀察到它們質量的影響力，什麼也沒有顯示。

1983 年，人們發現距銀河系中心 20 萬光年的一個星體，它的徑向速度（radial velocity）大於 465km/s。根據天體物理學，只有在銀河系總質量比可見物質大十倍時才會有這樣的高速。

這些現象都表明：宇宙中的確存在暗物質。

所謂暗物質，是指無法透過觀測電磁波研究，也就是不與電磁力交互作用的物質。暗物質本身不發光，別的光線也能直接穿過它，不與它交互作用，所以看起來空無一物，但它確實存在，但人們目前只能透過重力效應判斷宇宙中暗物質的分布。

2006 年，美國天文學家無意間觀測到星系碰撞的過程。星系

團碰撞威力之猛,使暗物質與正常物質分開,由此發現了暗物質存在的直接證據。

雖然人們已經對暗物質作了許多天文觀測,但其組成成分至今仍是謎;讓人們無奈的是,暗物質的謎團還沒解開,另一個更大的謎團又出現了——暗能量。

1998 年,美國天文學家利用遙遠星系中的超新星測量距離,追溯宇宙隨時間的膨脹情況。這些超新星距離我們幾十到上百億光年,所以它們實際上在幾十到上百億年前就已爆發,故能利用它們研究宇宙早期的情況。觀測的結果是:超新星的星系距離,比按哈伯定律計算的星系距離大,那些遙遠的星系正在以越來越快的速度遠離我們,意味著我們的宇宙正在加速膨脹!

宇宙加速膨脹,是個極其令人驚訝的結果,它與宇宙學家原先所預測的宇宙減速完全相反。因為萬有引力的吸引特性,意味著任何集合的有質量物體分散開後,其向外膨脹的速度必然會因為物質間的重力作用而越來越小。人們本以為宇宙膨脹是在踩剎車,結果發現它是在踩油門,動搖了人們對宇宙的傳統理解。到底是什麼樣的力量在推動宇宙加速膨脹呢?這種力,表現為與重力相反的排斥力,它能超越重力作用而使宇宙加速膨脹,不可能是任何已知的力,故人們將產生這種力的能量命名為「暗能量」。

儘管暗能量與暗物質都很神祕,但它們仍不相同。暗物質和普通物質一樣有萬有引力,暗能量則剛好相反,它是一種「反重力」,會產生向外的加速度。科學家連暗物質的組成都不清楚,對暗能量更只能望而興嘆了。雖然提出了一些模型,但都沒有得到證實與公認。

2002 年,天文學家在長期觀測遙遠的類星體後,獲得了宇宙

中大部分能量是以「暗能量」形式存在的新證據，研究結果顯示：約 2/3 的宇宙能量由暗能量組成。

目前最新的數據顯示：在整個宇宙的質量構成中，我們常說的可見物質只占 4.9%，暗物質占 26.8%，還有 68.3% 是暗能量（質能等價）。

雖然我們看似已經很深入了解宇宙，但實際上人類對宇宙的認識才剛剛起步，暗物質、暗能量、類星體等未解之謎，預示著人類在探索宇宙的道路上還有很長很長的路要走。

21.7 時空的顫抖：重力波

1887 年，在馬克士威預言電磁波的存在後近二十年，赫茲在實驗室中發現了電磁波。如今，電磁波的應用已經融入人們生活。人們已經知道：電磁場的傳播，也就是電磁波的產生是由於電荷的加速運動，電荷無論具有直線加速度還是向心加速度，都會產生電磁波。

如同馬克士威，愛因斯坦也預言了另一種波的存在。1918 年，廣義相對論發表後兩年，愛因斯坦注意到，廣義相對論方程式中存在著這樣的解：當物體加速運動時會產生一種波——重力波，隨著時空自身的波動而傳播。愛因斯坦指出：重力場也會像電磁場存在電磁波一樣，以波動的形式離開場源傳播下去。

根據廣義相對論推導得知，重力波與電磁波既有相似之處，又有不同之處。重力波同電磁波一樣，以光速傳播；電磁波由交變的電場和磁場組合，重力波也是一種交變的場，但這種場是時間曲率和空間曲率的起伏，代表時間和空間的形變；重力波與電磁波都是

橫波，即波的振動方向與傳播方向垂直；但是，電磁波是向量波，而重力波是張量（tensor）波，具有極強的穿透力。

向量波和張量波都是專業術語，我們無須深究，只要透過圖21-4 就能觀察到它們的不同。從圖中可以看到：電磁波中的電場和磁場方向固定，而在重力波中，交變場的方向隨著波的前進連續變化，像一支電鑽的鑽頭，是一種螺旋狀的波。

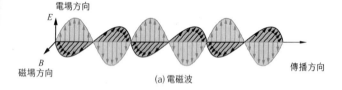

(a) 電磁波

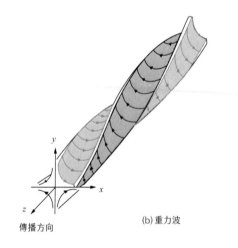

(b) 重力波

圖 21-4 電磁波與重力波的傳播示意圖，電磁波中的電場和磁場方向固定，而在重力波中，當波沿著 z 軸方向傳播時，沿 x 和 y 方向的振盪在連續變化

重力波代表時空的振動，要知道，時空的硬度超乎想像（見21.2 節），所以其振動也相當微弱。愛因斯坦曾經估算：取長度為1m 的棒子，令其以最大可能速度旋轉，由此產生的重力波功率是10^{-37}W，功率小得可憐；再假設一隻螞蟻沿著牆向上爬行，其所用的能量都能達到 10^{-7}W。重力波如此微弱，以至於愛因斯坦曾認為重力波可能永遠探測不到，甚至兩次宣布重力波不存在。

人們對天體的認識越來越深入，科學家意識到某些天體的運動會產生極強的重力波，比如超新星爆發、雙脈衝（double pulse）星體系的運動，以及黑洞的碰撞等。

黑洞的質量可以達到 10 ～ 10^9 個太陽的質量，這樣巨大質量物質的塌縮，將產生極強的重力波。對於離得較近的兩個黑洞，它們在漫長的軌道運行中，會慢慢螺旋著彼此靠近。由於黑洞的逃逸速度等於光速，兩個黑洞最終將以極高速碰撞合併。當它們碰撞時，其所產生的重力波能量可達到 10^{52}W，但這麼大的能量無法持久，只能維持 1ms 左右。這裡出現的問題是：兩個黑洞碰撞形成的重力波，是以爆發的形式出現，而不是一種規律的週期振盪，所以它什麼時候能傳遞到地球上、並被我們探測到，只能靠運氣了。

幸運的是，人類竟然捕捉到了這樣一個訊號。2015 年 9 月 14 日，由兩個黑洞合併產生、一個時間極短的重力波訊號，經過 13 億年的漫長旅行抵達地球，被美國雷射干涉重力波天文台（Liaser Interferometer Gravitation wave Observatory, LIGO）分別在路易斯安那州與華盛頓州建造的兩個重力波探測器（兩地相距約 3000km），以 7ms 的時間差先後捕捉到。據研究員估計：兩個黑洞合併前的質量，分別相當於 36 個和 29 個太陽質量，合併後的總質量是 62 個太陽質量，其中損失的 3 個太陽質量，以重力波的形式在不到 1s 的時間內被釋放。我們可以根據 $E=mc^2$ 計算，這個能量比宇宙中所有恆星在一秒鐘內輻射出的能量還要高幾百倍，如此劇烈的爆炸，難怪連時空都要為之「顫抖」！

那麼這個重力波訊號是如何被捕捉到？我們知道，重力波會使時空產生波動，當重力波經過時，空間會發生形變。在一個固定長度的真空空腔裡，如果空間被拉長，那麼雷射走過這段路程所用的時間就會變長；如果空間被壓縮，那麼雷射走過這段路程所用的時

間就會變短。如圖 21-5 所示，上述 LIGO 的重力波探測器，有兩條相互垂直、分別長達4km 的真空空腔，同一束雷射被一分為二，分別進入兩條空腔內，再被末端鏡面反射回出發點。當重力波經過時，一條空腔長度被拉伸，另一條被壓縮，於是這兩條空腔內的雷射就產生光程差，在分光鏡處匯合後就會產生輕微的干涉，從而探測到重力波。雖然當時空間的變形，只有質子直徑千分之一大小的尺度，但還是被靈敏度極高的探測器捕捉到了。

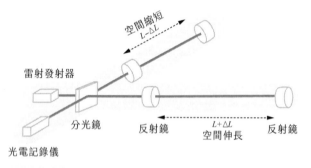

圖 21-5 LIGO 重力波探測器基本原理示意圖，反射鏡被磨成精確度達一億分之一英呎 [8] 的完美球面鏡，雷射入射後在其中來回反射 100 次才射出，就可以使 4km 的臂長有 400km 距離的效果，鏡子被連接在一個鐘擺系統上消除微小的地質抖動，以保持穩定

　　自從電磁波被發現以來，天文學家不斷擴大電磁波譜的波段範圍，來探測宇宙。而重力波的發現，則可能開創一個研究宇宙的新時代，它代表著一種尚待開發的波譜，是一種可以用來探索宇宙更多祕密的全新波譜……

　　時間、空間、量子、宇宙……人類就像是在浩瀚大海邊玩耍的孩子，每撿到一個漂亮的貝殼都會欣喜不已，但浩瀚的大海裡還隱藏著多少祕密，小孩也許需要用一輩子的時間去探索……

8　1 英呎 ≈0.3048 公尺。

後記

寫書是一件快樂的事情，卻有著艱苦的過程，其中苦樂只有作者自己知道。然，苦，並快樂著。當我寫完最後一個字時，所有的苦都一掃而空，只剩下有無盡的快樂。

掩卷之餘，我常常在想一個問題：我們究竟有多了解量子和宇宙？

愛因斯坦認為，「美」是探求理論物理學中一個重要的標竿。簡潔、具有美感的物理公式體現了自然界的內在美，比如牛頓第二定律 $F=ma$，愛因斯坦的質能方程式 $E=mc^2$，都簡潔而深刻地反映了自然規律。愛因斯坦的相對論被眾多物理學家讚美為「本質上就是美學」，但量子力學卻無法獲得這樣的讚譽。

量子力學的數學處理實在太複雜，量子力學的三種表述形式——波動力學、矩陣力學、路徑積分，都需要用到繁雜的數學知識。薛丁格方程式的求解過程極其複雜，以至於絕大多數薛丁格方程式都無法精確求解，只能得到近似解。雖然現有理論也能精確描述量子世界，但也許並沒有揭示其本

質。就像一道本來是 1+1=2 就能解決的算術題，我們卻在以 1+0.9+0.09+⋯的方式在計算，雖然結果也相當精確，卻走了彎路，繞了一大圈。

所以我一直在想，也許這些理論只是一個過渡，未來人們可能會發現更簡潔、更美的理論來描述量子世界。

宇宙已經有近 140 億年的歷史，而人類的現代科學研究只有區區幾百年的歷史，想完全掌握宇宙的規律和奧祕不太可能，所以我們不能認為目前的量子理論和宇宙理論就是絕對真理，而只是現階段科學家處理相關問題所提出的科學模型，將來肯定會有新的模型出現，修正、甚至取代現有模型。對未知世界的探索永遠都有新的驚喜，這正是科學的魅力所在。

懷疑是科學發展的動力，我希望讀者本著懷疑精神閱讀這本書，勇於對現有知識提出挑戰。費曼說的一定是對的嗎？霍金說的一定是對的嗎？哥本哈根詮釋真的完美無缺嗎？我能不能找到更好的解釋方法？

希望你能做到。

高鵬

參考文獻

[1] 哈里德，瑞斯尼克，沃克·哈里德大學物理學 [M]·張三慧，李椿，滕小瑛，等譯·北京：機械工業出版社，2009.

[2] 費曼，萊頓，桑茲·費曼物理學講義：第 3 卷 [M]·潘篤武，李洪芳，譯·上海：上海科學技術出版社，2005.

[3] 張三慧·大學物理學 [M].2 版·北京：清華大學出版社，2000.

[4] 趙凱華，羅蔚茵·新概念物理教程：量子物理 [M].2 版·北京：高等教育出版社，2003.

[5] 狄拉克·量子力學原理 [M]·陳咸亨，譯·北京：科學出版社，1965.

[6] 楊澤森·高等量子力學 [M]·北京：北京大學出版社，2007.

[7] Griffiths·量子力學概論 [M].2 版·北京：機械工業出版社， 2006.

[8] 安東尼·黑帕特里克·沃爾特斯·新量子世界 [M]·雷奕安，譯·長沙：湖南科學技術出版社，2005.

[9] 布萊恩·B. 格林·宇宙的琴弦 [M]·李泳，譯·長沙：湖南科學技術出版社，2002.

[10] 克勞·量子世代 [M]·洪定國，譯·長沙：湖南科學技術出版社， 2009.

[11] 華生·量子夸克 [M]·劉健，雷奕安，譯·長沙：湖南科學技術出版社，2008.

[12] 霍金·時間簡史——從大霹靂到黑洞 [M]·許明賢，吳忠超，譯·長沙：湖南科學技術出版社， 2002.

[13] 柯文尼，海菲爾德·時間之箭——揭開時間最大奧祕之科學旅程 [M]·江濤，向守平，譯·長沙：湖南科學技術出版社， 2002.

[14] 巴戈特·量子迷宮 [M]·潘士先，譯·北京：科學出版社，2012.

[15] 郭奕玲，沈慧君·物理學史 [M]. 2 版·北京：清華大學出版社，2005.

[16] 祝之光·物理學 [M].4 版·北京：高等教育出版社，2012.

[17] 曠遠達，等·量子電磁學 [M]·北京：中國計量出版社，1997.

[18] 王正行·近代物理學 [M]·北京：北京大學出版社，2010.

[19] 薛鳳家·諾貝爾物理學獎百年回顧 [M]·北京：國防工業出版社，2003.

[20] 馬樹人·結構化學 [M]·北京：化學工業出版社，2001.

[21] 周公度，段連運·結構化學基礎 [M].4 版·北京：北京大學出版社，2008.

[22] 范康年·物理化學 [M].2 版·北京：高等教育出版社，2005.

[23] 薛曉舟·量子真空物理導引 [M]·北京：科學出版社，2005.

[24] 楊建鄴·光怪陸離的物質世界——諾貝爾獎和基本粒子 [M]·北京：商務印書館，2007.

[25] 摩里斯·探索無限 [M]·呂愛華，王克，譯·北京：華夏出版社，2002.

[26] 關洪·量子力學的基本概念 [M]·北京：高等教育出版社，1990.

[27] 艾克塞爾·糾纏態——物理世界第一謎 [M]·莊星來，譯·上海：上海科學技術文獻出版社，2011.

[28] 曹莊琪，殷澄·一維波動力學新論 [M]·上海：上海交通大學出版社，2012.

[29] 肯尼斯·W·福特·量子世界——寫給所有人的量子物理 [M]·王菲，譯·北京：外語教學與研究出版社，2008.

[30] 庫馬爾·量子理論 [M]·包新周，伍義生，余瑾，譯·重慶：重慶出版社，2012.

[31] 曹天元·量子物理史話 [M]·瀋陽：遼寧教育出版社，2008.

[32] 戈登·弗雷澤·反物質——世界的終極鏡像 [M]·江向東，黃豔華，譯·上海：上海科技教育出版社，2002.

[33] 李宏芳·量子實在與薛定諤貓佯謬 [M]·北京：清華大學出版社，2006.

[34] 高潮，甘華鳴·彩色圖解當代科技——物質科學 [M]·北京：科學普及出版社，2008.

[35] 羅恩澤·真空動力學——物理學的新架構 [M]·上海：上海科學普及出版社，2003.

[36] 愛因斯坦·狹義與廣義相對論淺説 [M]·楊潤殷，譯·北京：北京大學出版社，2006.

[37] 柴之芳·從宇宙大爆炸談起——元素的起源與合成 [M]·長沙：湖南教育出版社，1998.

[38] 帕格爾斯·宇宙密碼 [M]·郭竹第，譯·上海：上海辭書出版社，2011.

[39] 費曼 . QED 光和物質的奇妙理論 [M]·張仲靜，譯·長沙：湖南科學技術出版社，2012.

[40] 高崇壽，曾謹言·粒子物理與核物理講座 [M]·北京：高等教育出版社，1990.

[41] 李桂春·光子光學 [M]·北京：國防工業出版社，2010.

[42] 蘇曉琴·量子資訊之量子隱形傳態 [M]·北京：中國科學技術出版社，2007.

[43] 祖卡夫·像物理學家一樣思考 [M]·廖世德，譯·海口：海南出版社，2011.

[44] 林德利·命運之神應置何方——透析量子力學 [M]·董紅颺，譯·長春：吉林人民出版社，1998.

[45] 羅森布魯姆，庫特納·量子之謎——物理學遇到意識 [M]·向真，譯·長沙：湖南科學技術出版社，2013.

[46] 克萊格·量子糾纏 [M]·劉先珍，譯·重慶：重慶出版社，2011.

[47] 斯莫林·宇宙的本源——通向量子重力的三條途徑 [M]·李新洲，等譯·上海：上海科學技術出版社，2009.

[48] 王正行·簡明量子場論 [M]·北京：北京大學出版社，2008.

[49] 巴戈特·希格斯「上帝粒子」的發明與發現 [M]·邢誌忠，譯·上海：上海科技教育出版社，2013.

[50] 加來道雄·愛因斯坦的宇宙 [M]·徐彬，譯·長沙：湖南科學技術出版社，2006.

[51] Halpern·探尋萬物至理——大強子對撞機 [M]·李晟，譯·上海：上海教育出版社，2011.

[52] 向義和·大學物理導論——物理學的理論與方法、歷史與前沿 [M]·北京：清華大學出版社，1999.

[53] 布萊爾，麥克納瑪拉·宇宙之海的漣漪——重力波探測 [M]·王月瑞，譯·南昌：江西教育出版社，1999.

[54] 陳應天·相對論時空 [M]·慶承瑞，譯·上海：上海科技教育出版社，2008.

[55] 張漢壯，王文全·力學 [M]·北京：高等教育出版社，2009.

[56] 霍金，等·時空的未來 [M]·李泳，譯·長沙：湖南科學技術出版社，2005.

國家圖書館出版品預行編目資料

電子書購買

爽讀 APP

從光到物質的量子探索：量子的星際漂流，從打
臉牛頓開始 / 高鵬 著 . -- 第一版 . -- 臺北市：沐
燁文化事業有限公司 , 2024.05
面；　公分
POD 版
ISBN 978-626-7372-39-5(平裝)
1.CST: 量子力學
331.3　　113004530

從光到物質的量子探索：量子的星際漂流，從
打臉牛頓開始

臉書

作　　　者：高鵬
發 行 人：黃振庭
出 版 者：沐燁文化事業有限公司
發 行 者：沐燁文化事業有限公司
E - m a i l：sonbookservice@gmail.com
粉 絲 頁：https://www.facebook.com/sonbookss/
網　　　址：https://sonbook.net/
地　　　址：台北市中正區重慶南路一段六十一號八樓 815 室
Rm. 815, 8F., No.61, Sec. 1, Chongqing S. Rd., Zhongzheng Dist., Taipei City 100,
Taiwan
電　　　話：(02) 2370-3310　　傳　　真：(02) 2388-1990
印　　　刷：京峯數位服務有限公司
律師顧問：廣華律師事務所 張珮琦律師

─版權聲明 ─────────────────────────

定　　　價：350 元
發行日期：2024 年 05 月第一版
◎本書以 POD 印製